1/6娃娃家具DIY

超小型

木工

家具

简单制作娃娃屋微缩模型

［韩］金炅令·著

卜晓宁·译

中国纺织出版社有限公司

原文书名：미니어처 DIY 작은 세상 작은 가구
原作者名：김경령

著作权合同登记号：图字：01-2023-5452

图书在版编目（CIP）数据

超小型木工家具：简单制作娃娃屋微缩模型／（韩）
金炅令著；卜晓宁译. -- 北京：中国纺织出版社有限
公司，2024.7
　　ISBN 978-7-5229-1746-7

　　Ⅰ.①超… Ⅱ.①金… ②卜… Ⅲ.①手工艺品－制
作　Ⅳ.①TS973.5

中国国家版本馆CIP数据核字（2024）第085977号

责任编辑：刘 茸　特约编辑：吴 倩
责任校对：王花妮　责任印制：王艳丽
中国纺织出版社有限公司出版发行
地址：北京市朝阳区百子湾东里 A407 号楼　邮政编码：100124
销售电话：010—67004422　传真：010—87155801
http://www.c-textilep.com
中国纺织出版社天猫旗舰店
官方微博 http://weibo.com/2119887771
北京华联印刷有限公司印刷　各地新华书店经销
2024 年 7 月第 1 版第 1 次印刷
开本：787×1092　1/16　印张：14.5
字数：200 千字　定价：128.00 元

前言

给娃娃换上漂亮的发型和妆容，穿上好看的衣服，购买各式各样的饰品和皮鞋，甚至还会给娃娃拍摄照片，在社交媒体上相互分享与炫耀。把娃娃当作自己的好朋友。
这是专属于大人的娃娃世界。

那么，给娃娃布置一个家，并在专属于娃娃的"家"里拍摄照片，也是必不可少的环节。然而，娃娃家具不易购买，若想自己制作，又需要掌握各种材料的特性和工具的使用方法。这让很多人还没开始，就决定放弃了。尽管现在已经有很多关于如何制作娃娃衣服、娃娃假发以及重新绘制娃娃的教程，但几乎没有一本书详细介绍了娃娃家具的制作方法。

这本书将教你如何制作娃娃屋中必不可少的娃娃家具。
基于过去的授课经验，我以学生们感兴趣的制作技巧和材料的使用方法等为主要内容，编写了这本书。书中按照制作的难易度排序，详细地介绍了从工具与材料的选购到卧室、花园、客厅、工作室、餐厅、厨房、更衣室等各个空间里不可或缺的35种家具单品的制作方法。

"要怎样写才能通俗易懂呢?"
我曾以为，在自己熟悉的领域写一本书是轻而易举的事，但当我试着从一个完全不了解这个领域的读者的角度来写这本书时，我才发现站在他人的立场考虑问题并非易事。尽管我在写作时已经用尽心思，但仍有些读者可能无法完全理解。

即使在制作过程中遇到了困难，也请大家不要轻易放弃。可以试着多制作几次初级难度的家具和小道具，在充分掌握各种材料特性和工具的使用方法后，再循序渐进地制作中高级难度的家具。请尽情享受手工制作带来的快乐吧!

待操作熟练后，不妨通过增大或缩小尺寸来创造新的家具。这不仅有助于提高你的制作水平，还会使你深陷于制作娃娃家具的魅力之中。希望这本书能够激发读者朋友们对娃娃家具的兴趣，进一步加深对娃娃家具的理解。

感谢中国纺织出版社有限公司给我教大家制作娃娃家具的机会，也要感谢我的丈夫和家人一直以来对我的信任和支持，正是他们的守护和支持，我才能够坚持自己的爱好。

金炅令

目　录

PART 1
娃娃家具
制作基础

PART 2
娃娃家具
制作教程

PART 3

娃娃家具图纸

场景图

这是专属于少女们的秘密空间。
快来举办一场欢乐的睡衣派对吧!

娃娃品牌: 梦幻 ruruko（上图左 1，ゆめみる ruruko），2014 周年纪念 ruruko（上图右 1，CCSgirl 14SS ruruko），danto doll（宠物玩偶）
服装品牌: Soodolls

© danto doll

花园
GARDEN

走进露天花园，享受打理盆栽的快乐时光吧！

娃娃品牌：天空和服款 ruruko（おそらのふりそで ruruko），danto doll（宠物玩偶）
服装品牌：Soodolls

* 译者注: ruruko 部分娃娃型号会根据其配
套服装命名，本书中娃娃均重换了服装。

© danto doll

娃娃品牌：吊带背心薰衣草款 ruruko（右图，フリフリキャミ ruruko ラベンダ -Ver），2014 周年纪念 ruruko（上图右 1，CCSgirl 14SS ruruko），天空和服款 ruruko（上图左 1，おそらのふりそで ruruko），danto doll（宠物玩偶）
服装品牌：Ebool's Something

客厅
LIVING ROOM

快邀请你的娃娃朋友们一起聊天玩耍吧！
还可以和小狗嬉戏，共度美好时光！

装饰柜　第166页
壁炉　第98页

单人沙发　第92页
茶几　第62页

工作室
WORKROOM

打造一间既能阅读书籍又能放松休息的个人
专属工作室吧！

© danto doll

娃娃品牌：拇指姑娘 ruruko（左图右1，おや
ゆび姫 ruruko），天空和服款 ruruko（右图，
おそらのふりそで ruruko）
服装品牌：Ebool's Something

ruruko © PetWORKs Co.,Ltd.

书桌 第82页
书桌椅 第124页

餐厅
DINING ROOM

和小猫小狗、娃娃朋友们举办一场充满欢笑的生日派对吧！

娃娃品牌: 梦幻 ruruko（下图，ゆめみる ruruko），2014 周年纪念 ruruko（上图左 1，CCSgirl 14SS ruruko），
吊带背心薰衣草款 ruruko（上图右 1，フリフリキャミ ruruko ラベンダ –Ver），danto doll（宠物玩偶）
服装品牌: Ebool's Something

餐桌　第142页
碗柜　第156页

壁挂式置盘架　第120页

厨房
KITCHEN

在配有岛台餐桌的厨房享用美食吧！

娃娃品牌: doran doran "桃花" 系列
服装品牌: Soodolls

ⓒ danto doll

更衣室
DRESS ROOM

换上漂亮的衣服并化上美美的妆容，愉快地准备外出吧！

娃娃品牌: doran doran, danto doll（宠物玩偶）
服装品牌: Soodolls

JUDY GREENS 花园商店
的制作过程

这是专为1/6娃娃设计的娃娃屋。若想给娃娃拍出好看的照片，娃娃屋是必不可少的道具之一。为了拍摄竖幅照片和解决采光问题，娃娃屋设计成一座1.5层高的小房子，以便更有效地利用光线。可以从一侧窗户拍出探视屋子内部的感觉，还可以将屋顶拆掉，俯视拍摄娃娃屋。

可拆卸的墙壁、地板和屋顶有效地提高了娃娃屋的可操作性。若将一面墙拆下，可以变成一个角落摄影工作室。若更换地板或墙壁，还能够使整个空间焕然一新，仿佛拥有了一个全新的娃娃屋。接下来就为大家介绍 JUDY GREENS 的制作过程。

尺寸 400mm×550mm×600mm

设计草图

根据娃娃屋的整体风格绘制草图。草图中应包括墙壁和地板的风格与颜色、家具的设计与种类、家具和小道具的摆放位置等要素。若想制作出协调统一的娃娃屋，最好先通过绘制草图来确定整体风格。

墙面刷漆

应先对墙面进行刷漆，才能确保地板干净整洁。刷漆时，建议从不同方向涂刷三次左右。

铺地板

用强力胶将裁切好的木片粘接起来，即可制成地板。这个过程与实际生活中铺地板的过程非常相似。

制作窗户

试着制作一个菱形窗格。如果窗户是普通的四方形，可以尝试通过窗格改变样式。

制作门

由于娃娃屋是专为1/6娃娃设计的，因此门的大小需要参考娃娃的尺寸。一般来说，比娃娃的身高多出50~80mm最为合适。

制作展示柜

尝试制作一个商场里随处可见的展示柜。用各种各样的小道具加以装饰，还能够提升展示柜的陈列效果。

装饰内部顶棚

如果在屋面结构中加入橡木结构的设计，可以让娃娃屋看起来更加真实。

粘接屋顶、安装照明

配备照明的娃娃屋能够营造一种浪漫的氛围。在黑暗的房间中点亮娃娃屋，可以增添神秘感。

木牌与外部装饰

如果想让木牌上的字显得干净整洁，可以使用文字贴纸，也可以使用模板印刷。用毛笔手写则能凸显出手写字体独特的质感。不妨进行多次尝试，找出自己最喜欢的一种。

制作家具

娃娃屋与家具的风格尽量协调统一。如果娃娃屋是复古风，而家具却是摩登风，难免会不搭。另外，颜色上也应该互相协调，深思熟虑后再进行上色。

制作小道具

小道具能够为单调的空间注入活力。可以事先准备好几种常用的小道具，例如相框、书籍、花盆等。

布置好家具和小道具后完成

在迷你小屋内布置迷你家具，真是乐趣十足！这也正是迷你娃娃屋的魅力所在。

© Atomaru

Part 1
娃娃家具
制作基础

掌握材料的特性和工具的使用方法，
熟记制作娃娃家具的基本要点。

1

工具和材料

基础木工工具

· **橡胶切割垫板**：使用 A4 或 A3 大小的橡胶切割垫板保护操作台，垫板上标有刻度便于进行各种操作。

· **锯盒、锯子**：将木条放入锯盒，锯子插入锯槽，按照直线或 45° 斜线进行切割。

· **强力胶、木工胶**：粘接木条时，先涂抹木工胶，再涂抹强力胶。两种胶水叠加使用可以增加粘合强度。

· **胶盘、签子**：将胶水倒入胶盘，涂抹强力胶时，使用签子蘸取。胶盘可用闲置的盘子代替。

· **砂纸板**：用双面胶将 180 目的砂纸粘贴到 MDF 板正反两面，可用于打造直角或将木头打磨圆滑。

· **150mm 铁尺、300mm 铁尺、150mm 直角尺**：用来测量尺寸和调整直角。若想精确组装，直角尺是不可或缺的工具。

· **美工刀**：用于裁切纸和薄木板。

· **纸胶带**：用于捆绑木条。

· **砂纸 (320 目)**：需剪裁后使用。着色前后用砂纸打磨有助于提高着色效果。

· **铅笔、橡皮**：用于绘制图案或标记切割位置。

· **湿纸巾**：用于擦拭胶水或着色颜料。

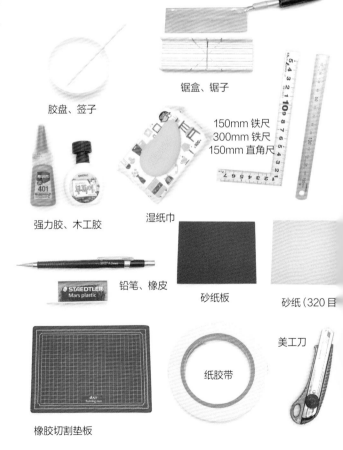

胶盘、签子

锯盒、锯子

强力胶、木工胶

湿纸巾

150mm 铁尺
300mm 铁尺
150mm 直角尺

铅笔、橡皮

砂纸板

砂纸 (320 目)

橡胶切割垫板

纸胶带

美工刀

- **绘图尺：** 用于绘制各种图形和曲线。
- **手捻钻：** 在安装门与把手时，可用来钻孔。
- **迷你钳：** 用于剪断铁丝或大头针。
- **迷你手锤：** 用于安装把手与合页。
- **金刚石锉刀套装：** 用于打磨细小部分。
- **镊子：** 用于夹取门把手或其他小物件。

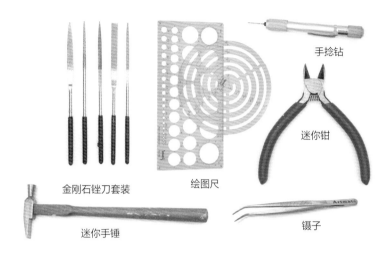

手捻钻

迷你钳

金刚石锉刀套装

绘图尺

迷你手锤

镊子

基础着色工具

- **画笔：** 可使用平头画笔、尖头画笔等各种尺寸的画笔进行着色。
- **调色盘：** 用于颜料调色。
- **水桶：** 用于清洗画笔。
- **吹风机：** 用于加快颜料的干燥速度。

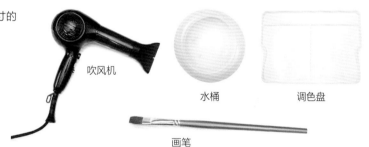

吹风机

水桶

调色盘

画笔

基础木工材料

- **扁柏木：** 扁柏木可依据需要裁切为任意尺寸，再加上其独特的芳香和精致的纹理，常被加工为高质量的工艺品。
- **巴沙木：** 进口的巴沙木取材时多为宽料，因此主要用于家具背板等需要大面积木板的地方。巴沙木的材质柔软，使用美工刀也可以轻松裁切，但由于其木纹杂乱，成品率相对较低。
- **洋松：** 可用来代替扁柏木，但与扁柏木相比，颜色较深、木纹较为杂乱。可以购买到各种尺寸的洋松。
- **椴木：** 具有独特的木纹，主要用于制作家具或装饰房间。

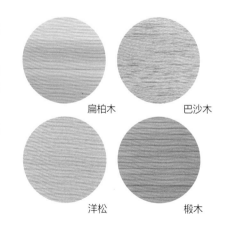

扁柏木

巴沙木

洋松

椴木

其他木工材料

· **铁网：** 用于制作田园风铁艺家具。

· **亚克力：** 可代替玻璃使用，分软质亚克力（PET）和普通亚克力两种。

· **布料：** 用于制作沙发、坐垫、床垫等。

· **固定针、大头针：** 涂上丙烯颜料后，可用作门把手，或在安装门时代替合页使用。

· **金属把手、合页：** 用各式各样的金属把手装饰家具，用微型合页固定家具部件。

· **木棒：** 当无法在家具上直接雕刻时，可利用雕刻好的木棒打造复古感。

· **金属装饰、雕花装饰：** 用于装饰家具或制作小道具。

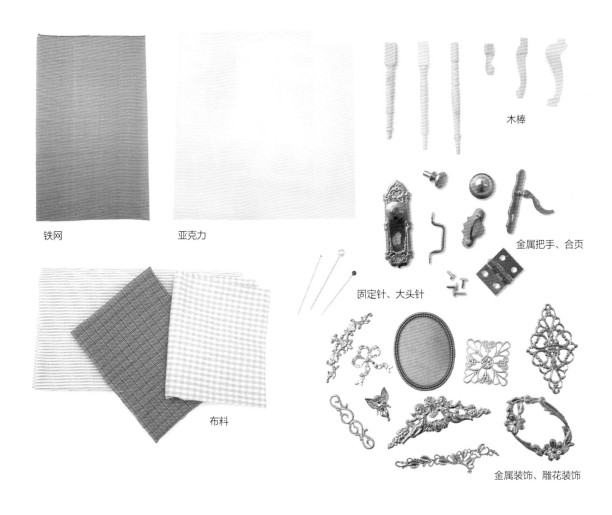

铁网

亚克力

木棒

金属把手、合页

固定针、大头针

布料

金属装饰、雕花装饰

- **水性木器漆：** 使用水性木器漆着色后，用砂纸进行打磨。请勿使用气味重且干燥时间较长的油性油漆。此外，请勿使用不易于砂纸打磨的丙烯颜料。

- **着色剂：** 着色剂分水性和油性两种。水性着色剂可叠涂或混涂，干燥速度较快；油性着色剂的颜色更好且更有光泽，但干燥时间较长，还会产生异味。

- **调色墨水：** 将调色墨水掺入油漆中，可以调出需要的颜色。

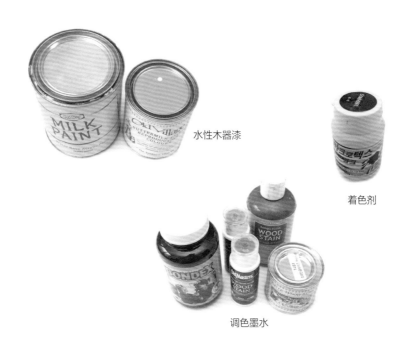

水性木器漆

着色剂

调色墨水

2

基础步骤

使用锯盒和锯子切割木条

切割木条是制作娃娃屋的基础步骤。
首先，让我们来学习如何使用锯盒和锯子切割木条。

1. 在木条上标记出切割位置。
2. 把木条放在锯盒上，将标记处对准锯盒槽，用一只手固定住木条和锯盒。
3. 将锯子插入锯盒槽，然后开始切割木条。切割时应该用肩膀而不是手腕发力，这种发力方式更为轻松。

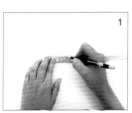

 重点

- 锯盒原本是卡在桌边使用的，但如果在锯盒下面固定一块 MDF 密度板，就可以自由地在操作台上使用了，非常实用和方便。

- 由于锯片本身具有一定的厚度，所以每次切割时，都会浪费锯片宽度的木料。因此，在切割两个及以上木条时，应该逐个标记和切割，以免尺寸不足。

使用砂纸板和直角尺打造直角

锯子容易晃动或倾斜，很难锯出精准的尺寸和角度。但是，若想要成功地制作出娃娃家具，又必须确保木条的尺寸和角度准确无误。接下来，我们就学习如何使用砂纸打磨直角。

1　在木条两端 5mm 处用纸胶带固定木条。如果只有一根木条需要切割，则可以省略这个步骤。

2　如图所示，像握笔一样将木条握在手中，以画圆的方式均匀地在砂纸上打磨，调整木条的尺寸和角度。

3　将木条的四个角放置于直角器上，检查是否形成直角。如果不是，请继续使用砂纸进行打磨，确保四个角都是直角。

· 初次使用砂纸打磨时，可能会出现中间高于两边的情况。这是由于打磨力度不均匀，或者手腕晃动造成的。打磨直角是制作娃娃屋时最重要的步骤，如果角度不够精准，后续则无法进行装配。虽然刚开始可能很困难，但只要坚持不懈地练习，就能够熟练掌握打磨的方法和技巧。请大家不要轻易放弃。

· 在打造直角的过程中，木条的尺寸可能会因为打磨而略微缩小，因此在切割木条时，应该将打磨损耗的尺寸考虑在内。建议比所需尺寸多切割 0.5~1mm。

涂抹黏合剂和粘接木条的方法

在粘接木条时，通常会同时使用强力胶和木工胶两种胶水，这是因为二者叠加可以增加粘合强度。现在，我们来学习如何使用黏合剂粘接木条。

1　将强力胶和木工胶分别倒在两个胶盘中。首先，用手指将木工胶涂抹在木条上，请确保不要涂得太厚或太薄。如果太厚，胶水需要很长时间才能晾干；如果太薄，又会影响粘接效果。

2　用签子蘸取强力胶，然后轻轻覆盖在木工胶上面。

注意 | 请勿用手涂抹强力胶。

3　将木条放置在直角器的内侧，等待 5~10s 让其干燥固定。

· 胶盘可用闲置的盘子或碗代替。

· 削短的竹签比牙签更适合做签子。

· 用签子涂抹木工胶可能会导致涂抹不均匀，用食指涂抹更快且更均匀。

· 木工胶与强力胶混合使用时，凝胶速度快。

· 只有快速组装，才能在黏合剂凝固之前粘接好木条。

Piaf 巧克力工匠首店微缩模型的制作过程

　　位于韩国首尔市江南区新沙洞的法式手工巧克力专卖店"Piaf"于 2011 年在岛山公园开张，后又于 2015 年搬至新沙洞林荫道。为了将这家店铺永久保留下来，巧克力制作师高恩秀和家人，以及热爱这家店铺的顾客们委托我制作一个 Piaf 微缩模型。接下来，就为大家介绍我的制作过程。

位于岛山公园一条僻静小路上的 Piaf 首店

岛山公园Piaf店铺照片

店内装修以巧克力色为主色。

每年的情人节和白色情人节，Piaf 都会与艺术家合作，打造各种巧克力艺术作品。

位于江南区新沙洞的法式手工巧克力专卖店"Piaf"，以法国民谣歌手"Edith Piaf"的名字命名。

干净整洁的橱窗陈列。

融合了上等食材与大师手艺的夹心巧克力，为了让顾客在任何时候都能品尝到新鲜的夹心巧克力，须维持最佳储存温度和湿度。

在店铺门口，巧克力制作师高恩秀亲自铺贴了 Piaf 标志瓷砖，体现了他对店铺投入的深厚感情。

简约又高级的展示柜和巧克力色复古家具。

制作过程

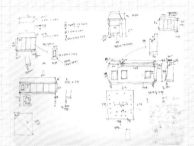

绘制草图

测量店铺和家具的实际尺寸，再按照比例转换为微缩模型。事先确定好制作计划与模型结构，并绘制出草图。

制作屋子

复刻实际店铺的人字拼地板，还原实际店铺的墙壁颜色。

制作家具

制作并摆放好家具。

制作巧克力样品

最大程度地还原 Piaf 夹心巧克力，再现实物的颜色与质感。

批量制作

先制作一个硅胶模具，再用黏土批量复刻巧克力。

摆放好小道具后完成

制作并摆放好各种迷你产品与包装盒，店铺的微缩模型就制作好了。

摆放在新沙洞林荫道 Piaf
店铺内的微缩模型

Piaf (Artisan Chocolatier Piaf)

"Piaf" 是以法国民谣歌手 Edith Piaf 的名字命名的。店内所有巧克力产品都以法国进口高级巧克力涂层、AOP
黄油、盐之花、有机葡萄干、大溪地香草香精、有机柚子等精选食材制作而成，旨在带给客人最佳的美食感受。
店内提供法式手工巧克力、马卡龙、巧克力礼盒与制作服务、情人节与白色情人节等季节限量版巧克力。

韩国首尔市江南区狎鸥亭路 4 街 27-3 号 1 楼 | 02-545-0317

Part 2
娃娃家具
制作教程

接下来，将带大家制作娃娃
屋里必不可少的35种家具单品，
快试试看吧。

01

铁艺木质壁挂架

WOODEN WALL SHELF

试着用雕花装饰制作一个造型优美的壁挂架。

成品尺寸	难易度	规格
115mm×30mm×29mm	★☆☆☆☆	参考第 174 页

准备物品

基础材料、基础工具＋雕花装饰、黑色丙烯颜料、双面胶

重点

灵活运用雕花装饰

01

给木板涂刷一层橡木色水性着色剂，待干燥后用320目砂纸进行打磨。

02

在支撑木条和雕花装饰上涂刷一层黑色丙烯颜料。

窍门
丙烯颜料容易附着于金属表面，很适合用来给道具上色。

03

将木板、支撑木条、雕花装饰晾干。

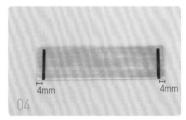

04

4mm   4mm

将支撑木条裁切至与雕花装饰同等长度，并将其粘接于木板两端4mm处。

05

在支撑木条上粘贴双面胶，再涂抹一层强力胶。

06

粘接好雕花装饰，壁挂架就做好了。

如果需要暂时
将壁挂架固定到墙上，
可以使用双面胶粘贴。

02

田园风铁艺网格框

COUNTRY STYLE WIRE MESH FRAME

尝试制作一个充满田园气息的铁艺网格框。

成品尺寸	难易度	规格
50mm×2mm×65mm	★☆☆☆☆	参考第 175 页

准备物品

基础材料、基础工具 + 铁丝网、双面胶、钳子

重点

如何使用铁丝网和钳子

窍门

裁切网格框时，
可以沿着斜线进行切割。
（灵活运用锯盒的斜切方法）

01

沿着直角尺垂直粘接两根木条。

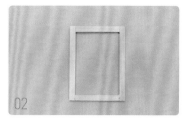

02

以同样的方式粘接其他木条，制作一个直角框架。

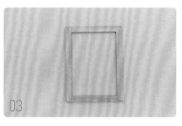

03

涂刷一层橡木色水性着色剂。

04

在背面粘贴双面胶。

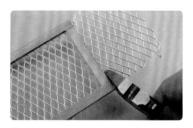

将铁丝网固定到有双面胶的框架上，再用钳子剪掉多余部分。

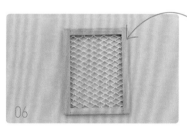

06

用强力胶加固铁丝网，待胶水干燥后完成制作。

窍门

使用强力胶时，请避免沾到皮肤上。如果不慎沾到，请立即使用湿巾擦拭，并用热水冲洗，去除残留部分。

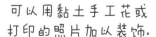

可以用黏土手工花或打印的照片加以装饰。

木箱

WOODEN TRAY

尝试制作一个用途广泛的简易木箱，为制作娃娃家具做准备。

成品尺寸
(S) 40mm×19mm×10mm / (L) 50mm×29mm×10mm

难易度
★☆☆☆☆

规格
参考第 176 页

准备物品

基础材料、基础工具

重点

基础练习、着色练习

沿着直角尺垂直粘接两块木板。

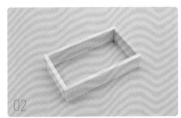

以同样的方式粘接其他木板,制作一个直角框架。

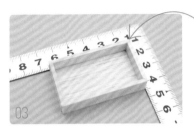

窍门

水平放置木板,自上而下粘接直角框,可获得干净整洁的粘接效果。

粘接与直角框底框同样大小的底板。

尝试制作各种尺寸的木箱。

窍门

涂刷着色剂前,请对箱子表面进行打磨抛光。

给箱子涂刷一层橡木色水性着色剂。

给箱子外表面涂刷水性漆,再用砂纸打磨抛光,木箱就做好了。

用文字贴纸给木箱加装饰,便可成为漂亮的花盆托。若放上面包或咖啡杯等小道具,还可以用作点心托盘哦!

04

木梯

WOODEN LADDER

制作一架装饰木梯，试着在上面挂上漂亮的蕾丝和衣服。

成品尺寸
55mm×5mm×220mm

难易度
★☆☆☆☆

规格
参考第 177 页

准备物品
基础材料、基础工具

重点
如何使用直角尺分栏

在切割木条前，请注意！
组装后的家具不易于打磨与上色，最好先打磨与上色，再进行切割。
涂刷一层胡桃木色水性着色剂，再用320目砂纸进行打磨。

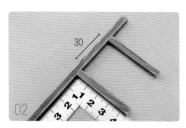

沿着直角尺在梯梁木条顶端20mm处垂直粘接踏板木条。

每隔30mm用铅笔做出标记，并在标记处沿着直角尺垂直粘接踏板木条。

以相同的方式，按照同样的间隔依次粘接踏板木条。

粘接上另一根梯梁，木梯就做好了。

试着挂上蕾丝或衣服。

05

茶几

COFFEE TABLE

精美的雕花桌腿是如何打造的呢？使用事先雕刻好的木棒即可轻松实现。

成品尺寸
100mm×100mm×63mm

难易度
★★☆☆☆

规格
参考第 178 页

准备物品
基础材料、基础工具 + 雕花装饰、木棒（桌腿）

重点
如何粘接宽幅木板、如何运用木棒和雕花装饰

首先要做的事！
当没有宽幅木板时，可以通过拼接常规尺寸的木板制作而成。
比如将两块 50mm 宽的木板拼接为 100mm 宽的宽幅木板。
请仔细打磨接缝处，淡化粘接痕迹。

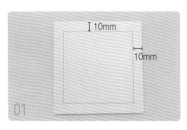

01 沿着桌面木板四周画线，画线时四周分别留出 10mm 的宽度。

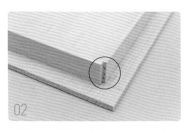

02 将桌边木条贴至画线外，请注意在木条之间留出间隔。

03 涂刷一层橡木色水性着色剂，再叠刷两层白色水性漆，晾干后用砂纸打磨抛光。

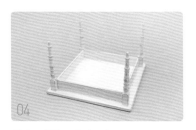

04 将桌腿粘接于桌底四角。

05 用强力胶粘贴雕花装饰。

06 涂刷一层白色水性漆，再用砂纸打磨做旧，茶几就制作完成了。

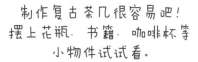

制作复古茶几很容易吧！
摆上花瓶、书籍、咖啡杯等
小物件试试看。

06

方凳

RECTANGULAR STOOL

尝试制作一个方凳，不仅可以用作化妆凳，还可以用来摆放小物件。

成品尺寸	难易度	规格
50mm×40mm×57mm	★☆☆☆☆	参考第 179 页

准备物品

基础材料、基础工具 + 木棒（凳腿）、布料、裁布剪刀

重点

如何运用布料和木棒

沿着直角尺垂直粘接两根木条。

以同样的方式粘接其他木条，制作一个凳面框架。

将用作坐垫的木块的上面部分打磨圆滑。

打磨圆滑的木块。

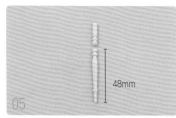

48mm

将木棒切割至所需长度制作凳腿。

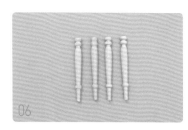

确保四根木棒尺寸相同。

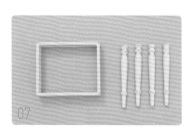

先涂刷一层橡木色水性着色剂，再叠刷一至两层调色后的水性漆，最后用砂纸进行打磨抛光。

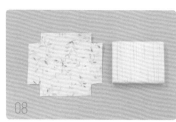

裁剪布料时，四周分别留出13~15mm的折边。

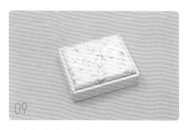

用布包裹住打磨圆滑的木块，并一同塞入直角框中。注意让木块上面的布料微微凸起。

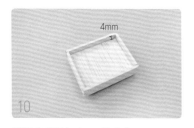

4mm

凳面底部留出4mm的高度。

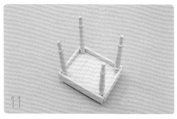

将凳腿粘接至凳面底部的四角，方凳就做好了。

请确保凳腿垂直于凳面。

07

栅栏花盆架

FLOWERPOT STANDS

尝试制作一个可摆放多个花盆的栅栏花盆架。

成品尺寸
70mm×24mm×25mm

难易度
★★☆☆☆

规格
参考第 180 页

准备物品
基础材料、基础工具

重点
如何使用直角尺制作栅栏

在裁切木板前，请注意！

由于组装后的家具不易于打磨与上色，所以最好在打磨与上色后，再进行裁切。涂刷一层橡木色水性着色剂，再涂刷两层白色油漆，最后用 320 目砂纸打磨。

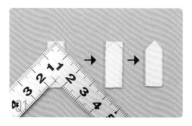

将直角尺顶点对准栅栏木板上边中点，用笔画出切割线，再用美工刀沿着切割线进行裁切。

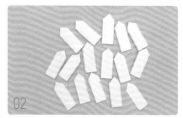

以同样的方式制作 16 块栅栏木板。

垂直粘接木板，制作一个直角框架。

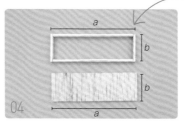

准备一块与步骤 03 尺寸相同的底板。

窍门

为了确保栅栏板之间能够留出适当的间距，请准备 a=68mm, b=22mm 尺寸的木板。

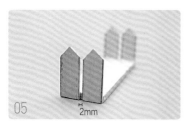

在底板两侧分别以 2mm 的间隔粘接 2 块步骤 02 的栅栏木板。

在底板上方粘接步骤 03 的框架。

在花盆架的正面和背面分别以 2mm 的间隔粘接 6 块栅栏木板。

检查边角部分的粘接情况。

涂刷好底板，栅栏花盆架就制作完成了。

试着摆上各种尺寸的花盆。

08

壁挂式衣架

HOOK RACK

试着用大头针制作一个壁挂式衣架。

成品尺寸	难易度	规格
70mm×20mm×17mm	★★☆☆☆	参考第 181 页

准备物品

基础材料、基础工具 + 大头针、手捻钻、钳子

重点

如何打磨木块、如何使用大头针和手捻钻

握紧制作侧板的木板后手腕在砂纸板上来回移动，将木板的一角打磨圆滑。请将两块木板临时固定起来同时打磨。

侧板只需打磨一角即可。

垂直粘接侧板与背板。

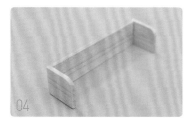

以同样的方式粘接另一块侧板。

窍门

水平放置顶板，自上而下粘接步骤 04 粘接好的木板，注意顶板两侧应留出相同空余。

只需在顶板左右两侧留出相同空余即可，后侧无须留余。

在步骤 05 的木板和大头针上涂刷两至三层白色水性漆，待完全干燥后，用 320 目砂纸打磨抛光。

窍门

将大头针插在巴沙木余料上，这样着色更加方便。除白色水性漆外，还可以使用白色丙烯颜料给大头针上色。

窍门

顺时针转动手捻钻，钻出引导孔后，反方向转动拔出。

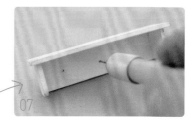

用手捻钻钻孔。

在大头针上涂抹强力胶，插入步骤 07 的钻孔中，然后用钳子剪去多余部分。注意多余的部分应完全剪掉。

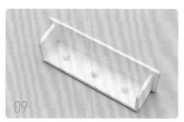

以同样的方式制作另外两个挂钩。

试着挂上衣服或包包，还可以摆上相框等小道具。

09

花园长椅

GARDEN BENCH

学习如何制作一把可自由调节尺寸的椅子。

成品尺寸	难易度	规格
130mm×48mm×115mm	★★☆☆☆	参考第 182 页

准备物品

基础材料、基础工具

重点

如何制作可自由调节尺寸的椅子

01 用铅笔在长木条（后椅腿）上标记出短木条（前椅腿）的尺寸。

02 将直角尺顶点对准标记处，并垂直粘接中间木条。

03 在长木条底端5mm处垂直粘接另一根中间木条。

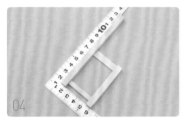

04 再粘接一根短木条，侧面框架就制作好了。

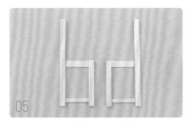

05 以同样的方式制作另一侧框架。

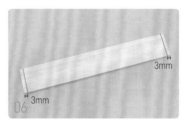

06 分别在椅面木板两端3mm处画线。

07 将步骤05的框架粘接至步骤06的画线处。

08 由内到外粘接椅面木板，木板之间间隔2mm。

09 如图所示粘接椅背木板。

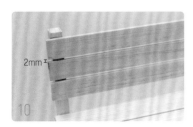

10 椅背木板之间间隔2mm。

11 涂刷一层橡木色水性着色剂，待完全干燥后，再叠涂两层水性漆，最后用320目砂纸打磨，花园长椅就做好了。

窍门

木板之间的间隙很窄，不易于着色。建议上色后再进行组装。

尝试制作不同尺寸的长椅！

10

床头箱

NIGHTSTAND

尝试制作一个多功能木箱，不仅能用作床头箱，还能用作咖啡桌、玩具箱等。

成品尺寸	难易度	规格
80mm×50mm×63mm	★★☆☆☆	参考第 183 页

准备物品

基础材料、基础工具＋金属装饰、纸、剪刀、金刚石锉刀

重点

如何运用金属装饰、如何装饰家具边缘

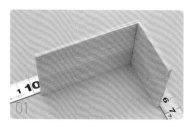

制作箱体。沿着直角尺垂直粘接两块木板。

以同样的方式粘接其他木板，制作一个直角框（箱体）。

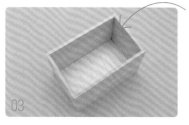

粘接与直角框底框同样大小的底板。

窍门

水平放置底板，自上而下粘接直角框，这样就可以粘接出干净整洁的效果。

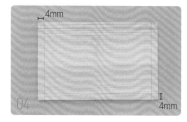

制作盖子。在盖子的木板四周分别留出4mm的宽度画线。

在线内粘接木条。

其余木条也在线内粘接。

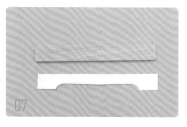

制作底座。将纸张剪成与木板同样大小，并将纸对折画出对称线条，然后用剪刀或美工刀沿着画线剪裁。将纸边形状描画至木板上。

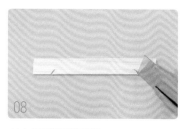

从木板两端开始裁切。

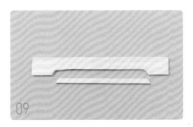

09

顺着纹理裁切。

10

用金刚石锉刀打磨出平滑的边缘。

11

用砂纸打磨抛光。

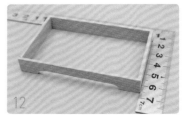

12

沿着直角尺垂直粘接木条。

用印章图案来装饰木箱表面也很漂亮哦!

倒置木箱，粘接步骤12的底座。

窍门

涂抹过胶水的地方无法上色。这是由于着色剂需要渗透至木料中才能上色，而胶水会起阻隔作用。

如果操作不熟练，可以着色后再裁切木板，这样成品会更加干净整洁。

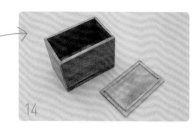

涂刷一层胡桃木色水性着色剂，再用砂纸进行打磨。

用强力胶将金属装饰粘贴到箱体两侧，床头箱就做好了。

11

壁橱

KITCHEN CUPBOARD

学习如何用拱形装饰打造一个实用的简易壁橱。

成品尺寸	难易度	规格
73mm×23mm×83mm	★★★☆☆	参考第 184 页

准备物品

基础材料、基础工具 + 画圆尺

重点

如何制作拱形装饰

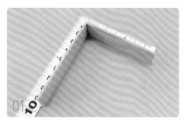

沿着直角尺垂直粘接两块木板。

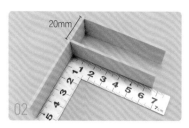

在下方20mm处粘接一块隔板。

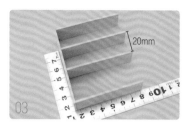

按照相同的间隔继续粘接隔板。

粘接侧板。

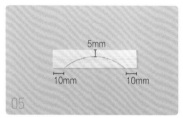

制作拱形装饰。用画圆尺在木板上画出圆弧形切割线。

试着摆上碗碟或其他小道具，如果增加壁橱高度，还可以用来放置书本哦！

窍门

建议从两端开始，沿着弧形切割线准确裁切。

用美工刀沿着切割线裁切。

用180目砂纸将弧面打磨平滑。

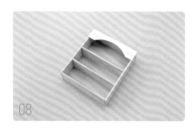

粘接拱形装饰。

粘接顶板和底板，粘接时注意在左右两侧留出相同空余，后侧无须留余。

涂刷两层浅橡木色水性着色剂，再用320目砂纸打磨抛光。

12

缝纫桌

SEWING TABLE

尝试用雕花装饰来打造缝纫桌。

成品尺寸
110mm×50mm×103mm

难易度
★★★☆☆

规格
参考第 185 页

准备物品

基础材料、基础工具＋雕花装饰品、金刚石锉刀

重点

如何运用雕花装饰

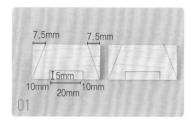

01 制作桌腿。如图所示，在桌腿底座木板上画出切割线。

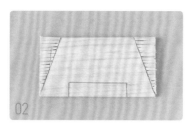

02 用美工刀顺着木纹方向轻划，再用直尺沿切割线准确裁切。

03 以同样的方式先顺着木纹方向轻划，再由外向内挖空凹槽。

04 用纸胶带将木板临时固定起来一同打磨，再用金刚石锉刀打磨凹槽部分。

05 用强力胶粘贴雕花装饰和桌腿木条。

06 如图所示制作两侧桌腿。

07 垂直粘接木条，制作一个直角框（支撑框架）。

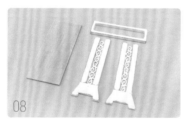

08 给桌面涂刷一层浅橡木色水性着色剂，其余部分先涂刷一层黑色水性漆，再叠涂两层白色水性漆，最后用砂纸打磨抛光。

09 将桌腿粘接至直角框两侧。

10 水平放置桌面木板，粘接步骤09的框架。粘接时注意在桌面四周留出均匀的空余。

摆上迷你缝纫工具，是不是更加逼真？

13

五层置物架

SHELF UNIT

在制作五层置物架的过程中，练习如何打造隔层。

成品尺寸
95mm×40mm×220mm

难易度
★★★☆☆

规格
参考第 186 页

准备物品
基础材料、基础工具

重点
如何使用直角尺分栏

在切割木条前，请注意！
组装后的家具不利于着色与打磨，最好在着色与打磨后再进行切割。
先涂刷一层橡木色水性着色剂，再叠涂两层白色水性漆，最后用320
目砂纸打磨抛光。

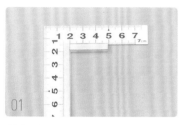

01 制作侧架。沿着直角尺垂直粘接两根木条。

02 以同样的方式粘接其他木条，制作两个直角框。

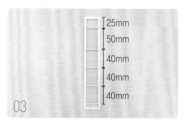

03 在事先标记的位置粘接层板支撑木条。

04 以同样的方式制作另一个侧架。

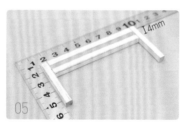

05 制作层板。先粘接"∏"形外框，再粘接中间木条。木条之间间隔4mm。

06 以同样的方式制作5个层板。

窍门
叠涂部分在上色后，
须用砂纸打磨抛光。

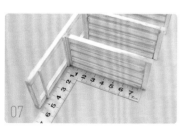

07 沿着直角尺垂直粘接步骤04的侧架与步骤06的层板。

08 先将所有层板粘接至一个侧架。

09 再粘接另一个侧架，置物架就做好了。

14

书桌

DESK

让我们来学习制作田园风书桌。

成品尺寸	难易度	规格
120mm×75mm×106mm	★★☆☆☆	参考第 187 页

准备物品

基础材料、基础工具 + 金刚石锉刀

重点

如何装饰桌板、如何使用金刚石锉刀

01

制作桌面。并排粘接巴沙木木板。

02

用金刚石三角锉打磨接缝处，打造立体感。

03

制作桌腿框架。粘接桌腿和支撑框架。

04

以同样的方式再做一个。

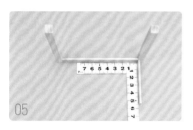

05

沿着直角尺将木条垂直粘接于步骤04的桌腿上。

06

粘接细节。

07

以同样的方式粘接另一侧。

08

粘接好四条桌腿。

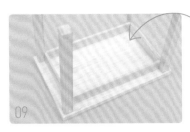

窍门

先组装好桌腿，再与桌面接合，确保二者的垂直角度。

倒置桌面，粘接步骤08的桌腿框架。粘接时注意在桌板四周留出一定空余。

窍门

涂刷着色剂可能会导致桌面翘曲和桌腿变形。正常情况下，着色剂干燥后就会恢复正常。若没有恢复，可在桌子底部粘接填充木辅助定型。

涂刷一层橡木色水性着色剂。

最后用砂纸打磨出复古感，书桌就做好了。

02. 改造相框

用强力胶粘贴珠串（珠链），再涂刷着色剂与白色水性漆，最后用砂纸打磨抛光。

45°斜线切割（切割相框时常用的斜角切割法）

2cm × 5cm 或 3cm × 5cm 尺寸的木板

03. 改造托盘

COFFEE

用 2cm × 2cm 的木块制作两侧把手

使用文字贴纸或手写

BREAD

粘贴瓷砖式贴纸或迷你瓷砖。

11. 壁橱 + 08. 壁挂式衣架

壁橱

壁挂式衣架

12. 装饰缝纫桌

SINGER

用刻刀雕刻文字

弯曲处理

涂刷黑色丙烯颜料

04. 改造梯子

按照一定的角度斜线切割

尝试制作上窄下宽的梯子。

05. 制作圆形茶几

将桌面换成圆形即可。

下半部分沿用书中的制作方法。

10. 装饰床头箱

N.YORK

用复古印章加以装饰

墨水

StazOn

可使用油性印台

15

书柜

BOOKCASE

还记得装饰桌面的制作方法吗？尝试用同样的方法制作家具背板。

成品尺寸	难易度	规格
85mm×45mm×218mm	★★★☆☆	参考第 188 页

准备物品

基础材料、基础工具

重点

如何使用直角尺分栏

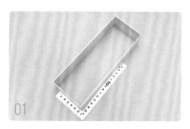

01 沿着直角尺垂直粘接一个直角框架。

02 粘接与框架同样大小的背板。

窍门

水平放置背板，自上而下粘接直角框，可获得干净整洁的粘接效果。

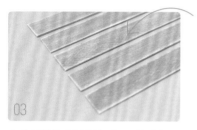

窍门

先着色，后打磨。不仅易于操作，还能增加立体感。

03 在背板装饰木板上涂刷一层橡木色水性着色剂，然后用砂纸打磨抛光。

04 将木板并排粘接在背板上，木板之间无须留出间隙。

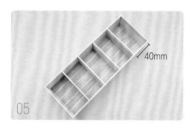

40mm

05 粘接隔板，每层隔板之间相隔 40mm。

06 涂刷一层橡木色水性着色剂，待完全干燥后，用砂纸打磨抛光。

窍门

通常情况下，着色前会进行打磨抛光，所以着色后无须再次打磨。如果想要打造复古感，也可以在着色后轻微打磨。

07 粘接顶板与底板时，只在左右两侧留出相同空余，后侧无须留余。

08 在正面粘接装饰木条，书架就做好了。

书架底部可参考床头箱底部的装饰方法。

16

单人床

SINGLE BED

尝试制作一张娃娃床，这可是娃娃屋里的必备家具。

成品尺寸	难易度	规格
120mm×253mm×112mm	★★★☆☆	参考第 190 页

准备物品

基础材料、基础工具 + 布料（用于制作床垫及床上用品）、裁布剪刀、装饰木条

重点

如何运用布料

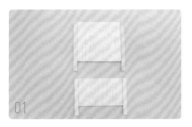

01 将床头、床尾的木板和床腿组装。

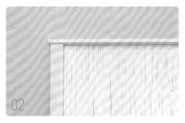

02 粘接顶板。

03 粘接线条装饰木条。

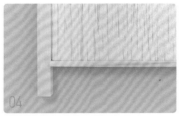

04 将支撑床垫的木条粘接至底部。更多细节请参考第 91 页。

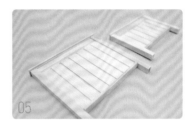

05 在床头和床尾木板上粘接装饰木条。装饰木条之间留出 2.8~3mm 的间距。请先确定好位置再进行粘接。

06 将两块底板粘接到步骤 04 的支撑木条上。

窍门

日常买到的巴沙木一般都是宽料，很适合用来制作床板、家具背板、桌板等较宽的木制品。另外，厚木板不好裁切，可以将薄木板叠加至所需厚度。

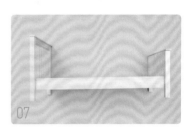

07 粘接侧板。

08 床头细节展示（装饰木条粘接在床头内侧）。

09 床尾细节展示（装饰木条粘接在床尾外侧）。

10 涂刷两至三层水性漆，然后用砂纸打磨抛光。

窍门

巴沙木木质柔软，即使用手按压都可能会留下痕迹，可用美工刀轻松裁切。修整巴沙木也很容易，但请注意控制打磨力度。

11 将床垫木板的四周打磨圆滑。

12 在布料四周留出足够的折边。

13 先用木工胶粘贴上方布料。

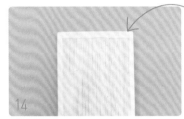

窍门

注意床垫角重叠部分的布料不宜过厚。

14 再粘贴两侧布料。

窍门

木工胶凝固后会变成透明色，整理边角时可放心使用。

15 用木工胶整理好床垫四周的折边。

16 放上床垫，单人床就做好了。

加宽后还可以变为双人床哦！

13. 加固五层置物架

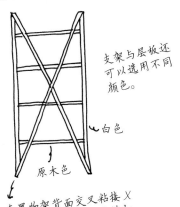

支架与层板还
可以选用不同
颜色。

白色

原木色

在置物架背面交叉粘接 X
形木条, 既美观又能够加
固置物架。

14. 加固桌腿

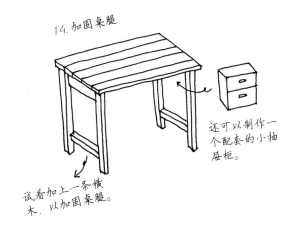

还可以制作一
个配套的小抽
屉柜。

试着加上一条横
木, 以加固桌腿。

15. 装饰书柜底部

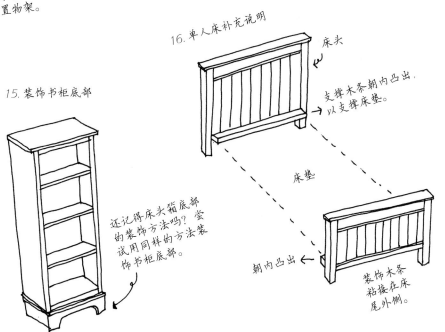

16. 单人床补充说明

床头

支撑木条朝内凸出,
以支撑床垫。

床垫

还记得床头箱底部
的装饰方法吗? 尝
试用同样的方法装
饰书柜底部。

朝内凸出

装饰木条
粘接在床
尾外侧。

091

17

单人沙发

ARMCHAIR

单人沙发也是娃娃屋的必备家具，试着用布料制作简易的单人沙发。

成品尺寸	难易度	规格
109mm×80mm×120mm	★★★★☆	参考第 193 页

准备物品

基础材料、基础工具 + 棉（脱脂棉或布艺棉）、布料、裁布剪刀 、半圆木

重点

如何运用布料和半圆木

动手制作沙发前，
请先浏览整个制作流程。

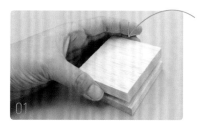

01
重叠粘接两块椅面木板。

窍门
由于太厚的木板不好裁切，建议将薄木板叠加至所需厚度。

02
在扶手木板两侧粘接半圆装饰。

03
在砂纸板上打磨圆滑。

04
适度打磨所有木板的直角面。

窍门
请勿过度打磨。
如果木板过于光滑，可能会导致无法与布料紧密贴合，从而影响作品的美观，只需要适当打磨直角即可。

05
裁剪沙发椅面的布料时，四周分别留出 10mm 的折边。

窍门
如果布料太薄，可能会露出木头；
如果布料太厚，边角又不好处理。
建议使用支数为 20~30 的布料，
尽量不要使用皮革、天鹅绒、帆布等不好操作的面料。

06
在椅面木板上涂抹木工胶，再用布料包裹住木板上下两面。

窍门
用带状布条包裹木板侧面。
请勿使用强力胶，否则会在布料上留下痕迹。

07
裁剪沙发座垫背面的布料时，在座垫木板四周分别留出 5mm 的折边。

先用布料包裹座垫木板下面。

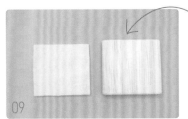

窍门

使用布艺棉或脱脂棉作为填充物。也可以重叠多层纸巾代替。请注意填充物不宜过厚。

将棉花剪成与座垫木板同样大小。

裁剪座垫正面的布料时，四周留出6~7mm 的折边。(需考虑棉花厚度)

用布料包裹住棉花与座垫木板。

窍门

只需在座垫中放入棉花即可。尽管在椅背中放入棉花也可以展现蓬松感，但是这个过程较为复杂，对于新手来说容易出错。

以同样的方式包裹椅背木板的上下两面。

裁剪包裹沙发扶手的布料时，留出5mm 的折边。将布料粘贴到扶手上后，按照图示进行裁剪。

扶手部分的布料会重叠，请剪一些开口。

用木工胶贴牢。

以同样的方式粘贴两个扶手的前后面。

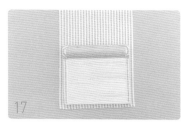

17 布料应比木板宽 5mm，确保布料将扶手完全包裹后，仍有空余。

向内折 5mm。

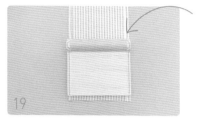

19 将布料折至与沙发扶手相同宽度，并用木工胶粘贴折边。

窍门

裁剪后的布料可能会开线，朝内折叠折边可以让布料边缘看起来干净整齐。

先粘贴内侧平整的部分。

21 用尺子辅助，粘贴扶手外侧的半圆部分。

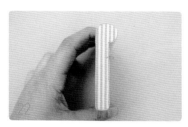

22 完全包裹住木板后，剪掉多余布料。

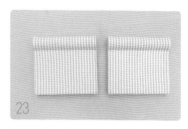

23 以同样的方式制作另一边的扶手。

24 底座布料的宽度应比木板宽15~17mm，长度则须确保布料将木板完全包裹后仍有余量。

25 粘贴折边，制作布条。

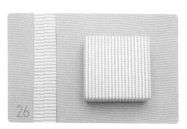

26 当布条宽度比木板厚度窄1~2mm时，作品会更加美观。

窍门
若从中间开始粘贴，可能会露出
剪裁痕迹。所以务必从转角处开
始粘贴。

从转角处开始粘贴。

28

粘贴一圈布条后的样子。

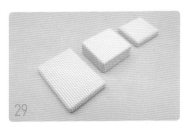

29

以同样的方式再制作两个布条，完成
沙发椅背和座垫的包边。

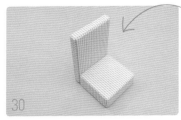

30

垂直粘接椅背与椅面。

窍门
如果椅背有一定倾斜度，沙发会更
加漂亮。但这对于新手来说有些难
度，在这里就先向大家介绍垂直粘
接的方法。

31

粘接两侧扶手，并放上座垫。

32

给沙发腿涂刷一层橡木色水性着色剂。

窍门
用双面胶把小木条固定到巴沙木余
料上，这样着色更加方便。

33

用强力胶粘接沙发腿，沙发就做好了。

不妨尝试加宽单人沙发，还能变成双人沙发哦！

娃娃品牌：天空和服款 ruruko（おそらのふりそで ruruko），danto doll（宠物玩偶）
服装品牌：pang pang

18

壁炉

FIREPLACE

给迷你壁炉安装照明装置，可以打造出冬天烧柴火的真实感。
如果想要营造春天或秋天的氛围，可以摆上花盆进行装饰。

成品尺寸	难易度	规格
126mm×44mm×121mm	★★★☆☆	参考第 195 页

准备物品

基础工具、基础材料 + 雕花装饰、装饰木条

重点

如何装饰壁炉、斜线切割、打磨处理

01 垂直粘接木条，制作一个直角框架。

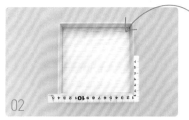

02 粘接与框架同样大小的背板。

窍门
水平放置背板，自上而下粘接直角框，可获得干净整洁的粘接效果。
（请参考第119页壁炉内侧装饰方法）

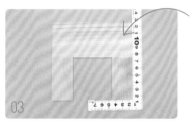

03 沿着直角尺垂直粘接壁炉门框的木板，并仔细打磨接缝处。

窍门
与一整块大木板相比，将小木板拼接起来更能营造空间感。

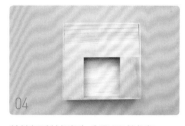

04 粘接好壁炉门框与步骤02的框架。

05 斜线切割（相框切割）门框外侧装饰木条，并将其粘贴至壁炉门框上边。

06 壁炉门框侧边也贴上装饰木条，并略微凸出底部。

07 在装饰木条内侧粘贴一圈凸出的木条，营造立体感。

08 切割踢脚线木条，并按照图片所示进行粘接。

窍门
倒置木箱，让木箱顶端朝向桌面，以便精准地粘接踢脚线木条。

09 步骤 05~08 制作完成的样子。

10 在两侧粘接侧边装饰木条（宽）。

11 在步骤 10 的基础上再粘接两根侧边装饰木条（窄）。

12 在底部粘接木条。

13 粘接第 1 层底板。

14 手持第 2 层底板的木板在砂纸板上来回移动，将木板棱角打磨圆滑。除背面外，其他三面都需打磨抛光。顶板也同样操作。

15 在底部粘接打磨圆滑的第 2 层底板。

16 在顶部粘接打磨圆滑的顶板。

17 作品侧面的样子。

18 在壁炉正面粘贴雕花装饰。

19 涂刷一层橡木色水性着色剂。

20 再涂刷两层白色水性漆，然后用砂纸打磨抛光。

用锯盒裁切一些树枝来装饰壁炉，以增添真实感。

窍门

在壁炉内侧安装照明装置，可以营造出正在烧柴的逼真效果。

19

立式展牌

STANDING SIGNBOARD

在制作立式展牌的过程中，学习合页的安装方法。

成品尺寸	难易度	规格
80mm×50mm×11mm	★★★★☆	参考第 198 页

准备物品

基础材料、基础工具 + 迷你合页、手捻钻、手工锤

重点

如何运用合页

沿着直角尺垂直粘接两根木条。

将木条粘接为"冂"形。

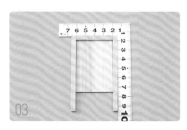

在中间粘接大小合适的展板。

在展板下方粘接一根木条。

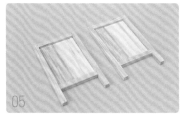

以同样的方式再制作一个。

涂刷一层橡木色水性着色剂，再叠涂两层水性漆，最后用砂纸打磨抛光。

对齐木板顶端，在木板上标记出合页的位置，然后用美工刀浅浅地挖出凹槽。

窍门
凹槽可以更好地固定合页。

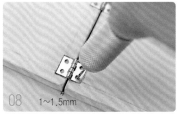

确定好位置，用手捻钻钻孔。

窍门
安装合页时，木板之间应留出足够的间隙。

在合页的背面涂抹胶水，将其牢牢固定到木板上，再用钉子进行二次加固。也可以在钉子上涂抹胶水。

窍门
请注意不要在合页轴心处涂抹胶水。多开合几次可以使合页更加灵活。

窍门
另外，在制作娃娃屋的门窗时，也可以使用合页。

以同样的方式分别固定四扇合页。

立式展牌可以自由调节角度，试着在上面涂鸦装饰吧！

20

梳妆台和镜子

DRESSING TABLE & MIRROR

尝试制作浅粉色的梳妆台和镜子，再用漂亮的雕花加以装饰。

成品尺寸	难易度	规格
110mm×101mm×50mm	★★★★☆	参考第 199 页

准备物品

基础材料、基础工具＋镜面纸、金属装饰、丙烯颜料、大头针、木棒、手捻钻、钳子、雕花装饰

重点

如何制作抽屉与镜子、如何绘制家具、如何运用金属装饰

制作抽屉外框。沿着直角尺将木条垂直粘接为"冂"形。

粘接抽屉外框的底板。

将桌腿木棒的底部四面略微打磨圆滑。

将打磨圆滑的木棒粘接至步骤02的背面。

粘接后端时无须留出空余。

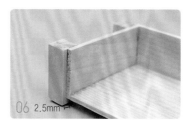

粘接前端时,两侧须凸出2.5mm。

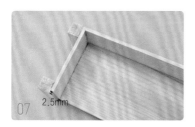

抽屉外框俯视图展示。

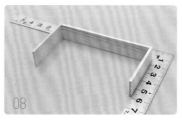

制作抽屉。沿着直角尺将木条垂直粘接为"冂"形。

粘接抽屉底板。

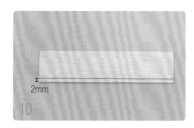

在抽屉面板底边上方2mm处画线。

将抽屉面板粘接至画线位置。

确认抽屉与外框的尺寸匹配。

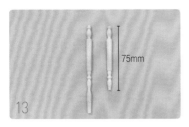

13 制作桌腿。将长木棒切割至所需长度。

14 用砂纸将木棒打磨成相同尺寸。

15 给抽屉涂刷二至三层白色水性漆，其余部分涂刷二至三层调色水性漆，最后用砂纸打磨抛光。

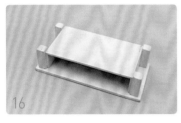

16 倒置桌板，粘接桌面。粘接时注意两侧留出相等空余。

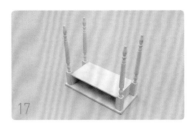

17 粘接桌腿。

18 在纸上画出抽屉上的花纹。

19 用铅笔在图纸背面描绘，将花纹转印到抽屉面板上。

20 准备丙烯颜料。（白色、红色、橄榄绿、深绿、褐色）

21 先涂上浅粉色颜料（白色 + 红色）。

22 花朵中间部分涂上深粉色颜料（白色 + 红色）。

23 用橄榄绿颜料给叶子上色。

24 用深绿色点缀叶子，用褐色点缀花蕊。

用手捻钻在安装把手的位置钻孔。

在大头针上涂抹胶水，然后插入孔内，并用钳子剪掉多余部分。

安装好抽屉，化妆台就制作完成了。

准备一个制作胸针用的金属饰品。

涂上与化妆台相同的颜色。

裁剪镜面纸。

用双面胶将镜面纸粘贴到金属饰品上，镜子就做好了。

还可以用金属装饰提升镜框的质感。

21

抽屉柜

DRAWERS

尝试制作一个与化妆台配套的双层抽屉柜，还可以用来布置更衣室。

成品尺寸	难易度	规格
126mm×55mm×97mm	★★☆☆	参考第 201 页

准备物品

基础材料、基础工具 + 丙烯颜料、大头针、手捻钻、钳子

重点

如何制作抽屉、如何绘制家具

01 粘接侧板和柜腿。

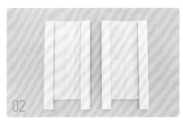

02 以同样的方式再制作一个。

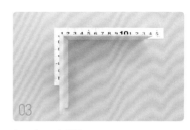

03 与顶板垂直粘接。

粘接底板。

05 粘接另一块侧板，形成一个木框。

06 粘接与木框同样大小的背板。

窍门

水平放置背板，自上而下粘接木框，可获得干净整洁的粘接效果。

40mm

在侧板 40mm 处画线。

将隔板粘接于标记线上方。

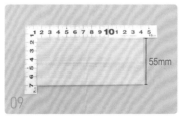

55mm

并排粘接两块木板，并将其宽度裁切至 55mm，柜面就做好了。注意打磨平整木板接缝处。

粘接柜面时，左右留出同等空余。

制作一个"∏"形抽屉框架。

粘接抽屉底板。

以同样的方式制作两个抽屉。

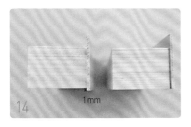

粘接抽屉面板。如图所示,一块面板在底端留出1mm的距离,另一块完全不留。

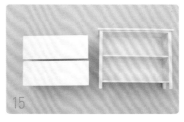

给抽屉涂刷二至三层白色水性漆,其余部分涂刷二至三层调色水性漆,最后用砂纸打磨抛光。

画出抽屉面板的装饰花纹。

用铅笔在图纸背面描绘,将花纹转印到家具上。

准备丙烯颜料。
(白色、红色、橄榄绿、深绿、褐色)

先涂上浅粉色(白色+红色颜料)。

花朵中间部分涂上深粉色(白色+红色颜料)。

叶子用橄榄绿颜料上色。

用深绿色点缀叶子,用褐色点缀花蕊。

23　用手捻钻在安装把手的位置钻孔。

24　在大头针上涂抹胶水，然后插入孔内，并用钳子剪掉多余部分。

窍门

着色后的抽屉或门，放置时间过长可能会出现粘连现象，平时应适当地抽拉使用，妥善地进行保管。

25　安装好抽屉，抽屉柜就制作完成了。

窍门

微缩家具模型的把手通常是装饰性设计。在打开门或抽屉时，请不要直接拉动把手，而是借助缝隙拉开。

不妨试着增加高度，制作三层或四层的抽屉柜吧！

22

收纳桌

STORAGE TABLE

尝试用抽屉与隔板制作一个收纳桌，还可以与厨房场景完美融合哦！

成品尺寸	难易度	规格
115mm×50mm×118mm	★★★★☆	参考第 203 页

准备物品

基础材料、基础工具 + 大头针、手捻钻、钳子、丙烯颜料

重点

如何制作抽屉

01 沿着直角尺垂直粘接两块木板。

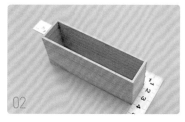

02 以同样的方式粘接其他木板，制作一个抽屉框。

03 粘接与抽屉框同样大小的背板。

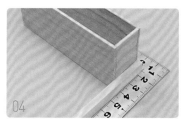

04 将桌腿粘接到抽屉框侧面。

05 粘接另一侧后桌腿。

06 粘接前桌腿。

07 半成品俯视图。

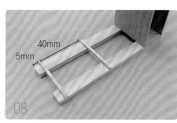

08 在桌腿间粘接两条横木，以支撑隔板。

09 正面的样子。

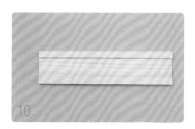

10 如图所示，在抽屉面板的上方、下方分别粘接一根装饰木条。

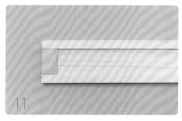

11 在左右两侧分别粘接合适大小的装饰木条。

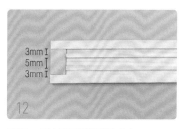

12 按照一定的间隔粘接装饰木条。

沿着直角尺制作"∏"形抽屉框架。

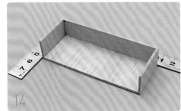

粘接抽屉底板。

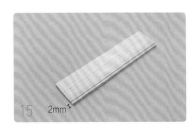

在步骤12的抽屉面板背面底边上方2mm处画线标记。

将抽屉粘接至画线处。粘接时，左右两侧留出相等空余。

抽屉侧面细节展示。

窍门

将大头针插在巴沙木余料上，这样涂刷颜料既方便又快捷。

将大头针插在巴沙木余料上，涂刷丙烯颜料。

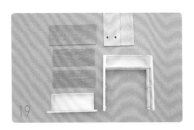

全部涂刷一层浅橡木色水性着色剂，再给柜架与抽屉叠涂两层白色水性漆，最后用砂纸打磨抛光。

用手捻钻在安装把手的位置打孔。

在大头针上涂抹胶水，并插入孔内，然后用钳子剪掉多余的部分。

22

以同样的方式安装另一个把手。

23

粘接桌面时，左右两侧留出相等空余。

窍门

水平放置桌面。粘接时，在桌面上
方留出空余。

24

粘接好隔板后，收纳桌就做好了。

23

五层抽屉柜

DRAWERS

尝试制作一个多功能抽屉柜，不仅可以当作床头柜，还能放在书房使用。

成品尺寸	难易度	规格
68mm×44mm×112mm	★★★★☆	参考第 205 页

准备物品

基础材料、基础工具 + 金刚石锉刀

重点

如何制作抽屉、练习木板雕刻

01 沿着直角尺制作一个直角框架。

02 粘接与框架面积相同的背板。

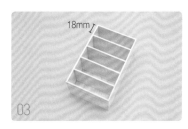

03 按照一定的间隔粘接隔板。

18mm

04 沿着直角尺制作"п"形抽屉框架。

05 粘接与抽屉框架底部面积相同的抽屉底板。

06 以同样的方式制作5个抽屉。

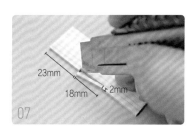

07 用美工刀在抽屉面板挖刻出手把位置。

23mm
18mm
2mm

08 用金刚石锉刀打磨整理。

09 以同样的方式制作5个抽屉面板，并分别粘接到抽屉上。

窍门

粘接时，在抽屉面板两侧留出相等空余，底部无须留余。

10 先粘接柜子底座的侧板。

11 再粘接底座的前板。这样从正面观察时，便看不到木板的切面，使成品更加美观。

12 粘接顶板时，在左右两侧以及前侧留出相等空余，后侧无须留余。

13 涂刷一层橡木色着色剂。

窍门

涂抹过胶水的地方无法上色，这是由于着色剂需要渗透至木料中才能上色，而胶水会起阻隔作用。如果操作不熟练，可以着色后再进行裁切，这样成品会更加干净整洁。

14 用砂纸打磨出复古感。

16. 改造单人床

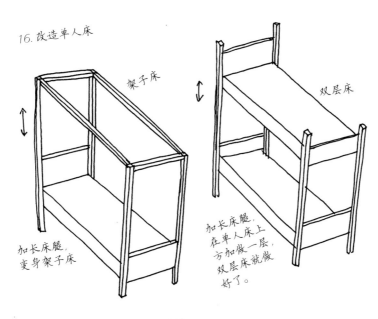

架子床

双层床

加长床腿，
变身架子床

加长床腿，
在单人床上
方加做一层，
双层床就做
好了。

18. 在壁炉内侧打造砖墙的方法

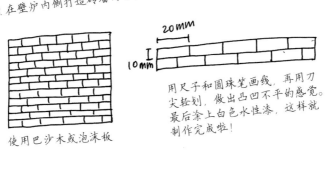

20mm

10mm

使用巴沙木或泡沫板

用尺子和圆珠笔画线，再用刀
尖轻划，做出凹凸不平的感觉。
最后涂上白色水性漆，这样就
制作完成啦！

21. 改造抽屉柜

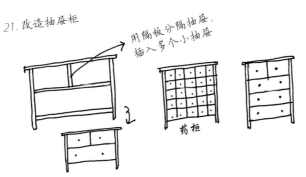

用隔板分隔抽屉，
插入多个小抽屉

药柜

24

壁挂式置盘架

DISH SHELF

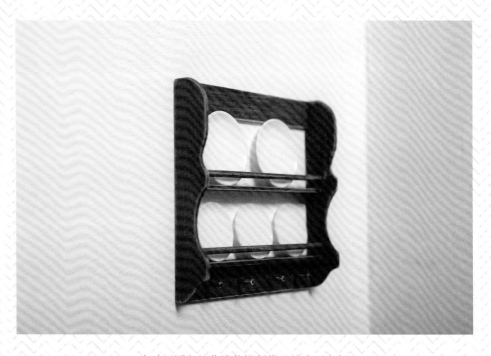

尝试用漂亮的曲线装饰制作壁挂式置盘架。

成品尺寸	难易度	规格
104mm×100mm×20mm	★★★★☆	参考第 207 页

准备物品

基础材料、基础工具 + 纸、半圆砂棒、木棒、木签、裁布剪刀

重点

如何制作复杂的曲线装饰

01 在与侧板同等大小的纸张上画出装饰线条，并用剪刀剪下。

02 沿着纸张在木板上画出切割线，然后用美工刀从两端开始裁切。

03 顺着木纹方向轻划。

04 顺着木纹方向轻划后，可用美工刀轻松裁出两块侧板的曲线。

05 将步骤04的两块木板临时固定在一起打磨。弯曲砂纸，打磨弧面。

06 用半圆砂棒仔细打磨抛光。

窍门

用双面胶将砂纸粘贴到半圆木棒上，即可制成半圆砂棒。还可以将砂纸粘贴到其他形状（三角形、方形、圆形、半圆形）的木料上，制作出各种顺手的打磨工具。

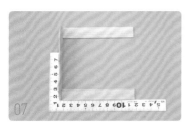

07 如图所示，沿着直角尺垂直粘接上、下背板。

08 先粘接下层隔板。

09 在下层隔板上方33mm处画线，并将上层隔板粘接于画线上方。

10

细节展示。

11

粘接侧板。

12

分别在两块隔板上方4mm处粘接半圆木棒。

13

留出适当间隔粘接杯子挂钩。可裁切牙签或木签来制作杯子挂钩。

14

涂刷一层胡桃木色水性着色剂，再用砂纸进行打磨，壁挂式置盘架就做好了。

窍门

木棒和杯子挂钩最好先着色，再进行切割。

试着摆上杯子和碗碟吧！

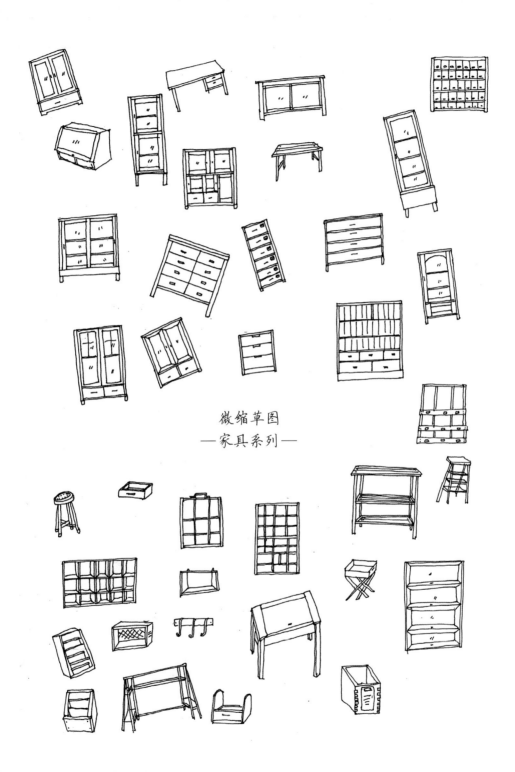

微缩草图
—家具系列—

25

书桌椅

DESK CHAIR

尝试制作一把可以自由调节椅背角度的椅子。

成品尺寸	难易度	规格
60mm×53mm×132mm	★★★★☆	参考第 208 页

准备物品

基础材料、基础工具

重点

如何倾斜打磨

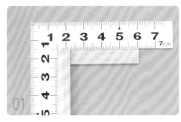

沿着直角尺垂直粘接椅腿和支撑木条。

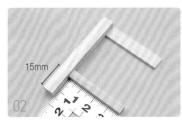

在支撑木条底端15mm处粘接另一根支撑木条。

其余部分如图所示进行粘接，形成一个木框。

以同样的方式再制作一个木框。

沿着直角尺在木框侧面垂直粘接一根支撑木条。

以同样的方式粘接另一侧的支撑木条。

粘接其他椅腿。

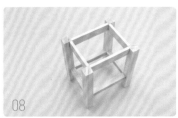

在椅腿间粘接余下的支撑木条，确保椅子更加牢固。

倒置椅面，粘接步骤08的框架。粘接时注意在四周分别留出均匀的空余。

制作椅背时，用纸胶带临时固定两根木条，在砂纸板上同时倾斜打磨。

窍门

打磨时切勿过度倾斜。

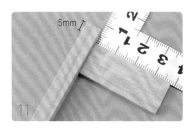

在木条顶端 5mm 处粘接椅背木板。

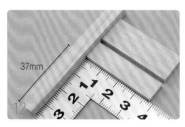

在木条底端 37mm 处再粘接一块椅背木板。

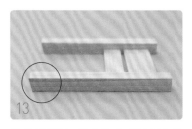

粘接椅背时，注意区分倾斜打磨的方向。

与步骤 09 的椅面粘接到一起。

涂刷一层橡木色水性着色剂，再用砂纸进行打磨，椅子就制作完成了。

娃娃品牌：8rule（宠物玩偶）

26

椅子

CHAIR

试着调节椅背和椅腿的角度，制作出更美观的多功能椅。

成品尺寸	难易度	规格
70mm×58mm×136mm	★★★★☆	参考第 209 页

准备物品

基础材料、基础工具

重点

如何倾斜打磨和粘接椅腿

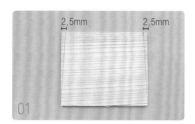

01 如图所示从椅面两端距离 2.5mm 处画出连接至对边顶点的线。

02 用尺和美工刀画线，并顺着木纹方向轻划。

03 从两端开始裁切。

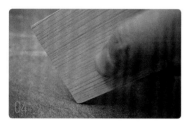

04 在砂纸板上将椅面四角打磨圆滑。

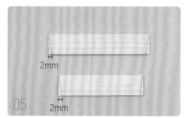

05 从椅背两端距离 2mm 处画出连接至对边顶点的线。

06 以同样的方式裁切木板，并打磨抛光。

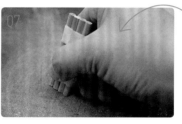

07 将椅腿用纸胶带临时固定到一起，在砂纸板上倾斜打磨上下两端。椅背也以相同的方式打磨，只需打磨一端即可。

窍门

为了防止椅腿过度倾斜，请注意控制打磨力度。

08 涂刷一层胡桃木色水性着色剂，然后用砂纸进行打磨。

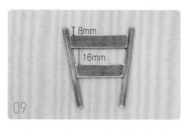

09 如图所示，按照一定的间隔粘接椅背。

10 倾斜粘接椅腿。

11 在椅腿间粘接支撑木条加固。

12 粘接步骤09的椅背，椅子就制作完成了。

27

圆凳

ROUND STOOL

尝试制作一个圆凳，如果加长椅腿，还可以用作酒吧椅子。
椅腿的斜线设计虽然看似简单，但制作起来稍有难度哦！

成品尺寸	难易度	规格
48mm×48mm×72mm	★★★★☆	参考第 210 页

准备物品

基础材料、基础工具 + 画圆尺

重点

如何倾斜打磨和粘接椅腿、如何裁切圆形木板

132

01 用画圆尺在凳面木板上画出圆形。

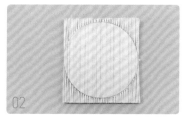

02 用美工刀顺着木纹方向轻划。

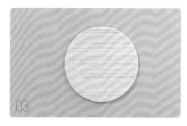

03 顺着木纹方向轻划后，可轻松挖出圆形木板。最后再用砂纸打磨抛光。

04 在凳面木板上涂刷两层浅橡木色水性着色剂。其余部分涂刷一层浅橡木色水性着色剂，再叠涂两层白色水性漆，最后用砂纸打磨。

用纸胶带临时固定好椅腿，一同倾斜打磨。

窍门

请控制打磨力度，以免凳腿过度倾斜。

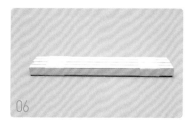

06 打磨后的样子。凳腿上下两端都需要打磨。

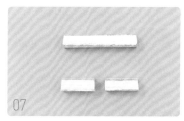

07 按照凳腿的倾斜方向，倾斜打磨支撑木条的两端。

08 制作一个十字形支撑框架，并将其粘接到凳面木板中间。框架的粘接方向参考凳腿的倾斜方向。

09 先将两条凳腿粘接为"V"字形。

35mm

10 在凳腿间再粘接一个十字形支撑框架。框架的粘接方向参考凳腿的倾斜方向。

11 再粘接上其余两条凳腿，圆凳就制作完成了。

28

户外桌

OUTDOOR TABLE

尝试制作一个户外桌，可适用于咖啡店、露台、庭院等各个地方。

成品尺寸	难易度	规格
78mm×78mm×114mm	★★★★☆	参考第 211 页

准备物品

基础材料、基础工具

重点

如何倾斜打磨和交叉粘接木条、如何按照一定的间隔粘接木条

在裁切木条前，请注意！
组装后的家具不易于打磨与上色，最好先打磨与上色，再进行切割。先涂刷一层橡木色水性着色剂，再涂刷两层水性漆，最后用320目砂纸进行打磨。

沿着直角尺垂直粘接桌面两根木条。

窍门

借助一定厚度的木条，便可按照相同的间隔进行粘接。无须用尺子逐一测量和标记。

粘接桌面中间的木条时，用2mm厚度的木条分隔。

以同样的方式粘接其他木条。

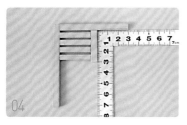

在中间纵向粘接一根木条。

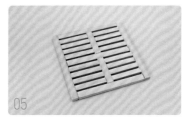

以同样的方式粘接整张桌面。

将桌腿用纸胶带临时固定到一起，然后在砂纸板上倾斜打磨。

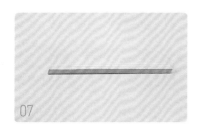

倾斜打磨桌腿上下两端。

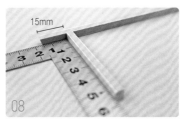

在距离桌腿底部15mm处垂直粘接支撑木条。

在上面粘接另一根支撑木条，然后粘接另一根桌腿木条，桌腿框架就做好了。

窍门

桌腿的交叉设计要求一个桌腿框架宽度应稍窄于另一个。

10 以同样的方式制作两个桌腿框架。

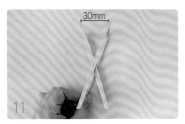

11 交叉粘接桌腿。

12 俯视的样子。

13 倒置桌面，粘接桌腿，户外桌就制作完成了。

扶手椅

椅子

桌子

温莎椅

单人沙发

茶几

圆桌

柜式梳妆台

椅子

电脑椅

胡桃木 / 橡木

哥尤椅子

玻璃柜架

玻璃

摇椅

衣柜

壁炉

翻盖

咖啡桌

橡木

29

户外椅

OUTDOOR CHAIR

尝试制作与户外桌配套的户外椅。

成品尺寸	难易度	规格
55mm×78mm×120mm	★★★★☆	参考第 212 页

准备物品

基础材料、基础工具

重点

如何倾斜打磨和交叉粘接椅腿

01 和制作户外桌时一样，请先将椅腿木条着色与抛光后再进行倾斜打磨。

02 长木条只需倾斜打磨一端，而短木条上下两端都需要倾斜打磨。打磨角度如图所示。

03 垂直粘接支撑木条。

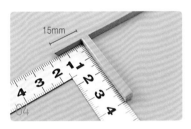

15mm

04 在距离桌腿底端15mm处垂直粘接另一根支撑木条。

05 椅腿框架完成的样子。以同样的方式再制作一个稍窄些的椅腿框架。

2mm

06 在宽的椅腿框架上粘接椅背木板。

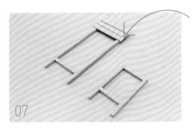

07 如图所示，制作两个椅腿框架。

窍门

椅腿的交叉设计要求一个椅腿框架宽度应稍窄于另一个。

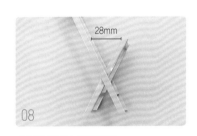

28mm

08 交叉粘接两个椅腿框架。

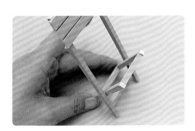

俯视的样子。

10 将椅面支撑木条的前端打磨圆滑，后端打磨成斜面。

11 粘接在步骤09的椅腿框架上。

12

俯视的样子。

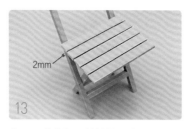

13

2mm

按照一定的间隔粘接椅面木板,户外椅就做好了。

娃娃品牌: CACAROTE Doll by Mellow
服装品牌: Soodolls（前），Crystal（后）
妆发: Yeonubi（前），Mellow（后）

30

餐桌

DINING TABLE

尝试用曲线装饰与雕花桌腿制作一张优雅的餐桌。

成品尺寸	难易度	规格
202mm×124mm×109mm	★★★★★	参考第 213 页

准备物品

基础材料、基础工具 + 纸、裁纸剪刀、金刚石锉刀

重点

如何制作复杂的曲线装饰、如何雕刻桌腿

01 将装饰木条粘接到桌面上，用金刚石锉刀打磨出立体感。

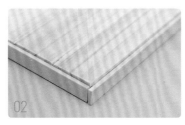

02 在桌面四周粘接木条，并打磨抛光。

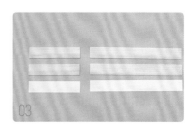

03 将纸张裁成与桌腿支撑装饰木条同等的大小。

04 将纸对折，在上面画出装饰线条。

05 将纸对折，沿着画线剪裁。

06 剪出对称线条。

07 将纸上的线条描画到木板上。

08 用美工刀从末端开始裁切。

09 其他曲线也从末端开始裁切。

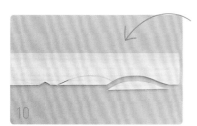

10 沿着画线仔细裁切。

窍门
由于裁切方向与木纹方向一致，沿着曲线可轻松裁下。

窍门
从末端开始裁切，可防止木板从中间断裂。

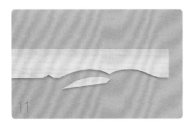

沿着画线裁切。

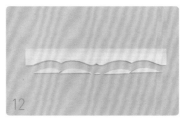

裁切好的样子。

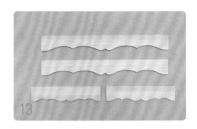

以同样的方式裁切剩余部分。

将砂纸卷曲，打磨弧面。

细节部分用金刚石锉刀进行打磨。

也可用磨砂棒进行打磨。

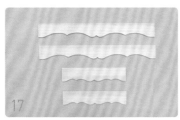

木板完成抛光后的样子。

在砂纸板上稍加打磨桌腿木条其中一端的棱角。

如图所示，只需将木条下面打磨圆滑即可。

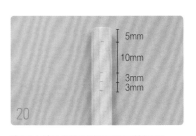

在圆木棒上标记出如图所示的间距。

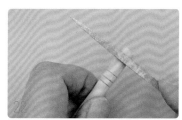

沿着标记位置，滚动圆木棒划出切口。

用三角锉刀打磨切口。

打磨后的样子。

用半圆锉刀继续打磨。

用砂纸打磨抛光。

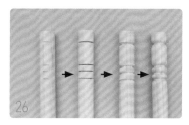

桌腿的制作顺序。

以同样的方式制作 4 个桌腿。

沿着直角尺将桌腿部分垂直粘接。

如图所示进行粘接。

粘接好四角，支撑框架就做好了。

31 涂刷一层橡木色水性着色剂。

32 涂刷两层调色水性漆，待干燥后，用砂纸打磨抛光。

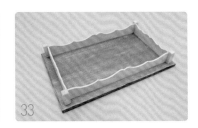

33 倒置桌面，粘接支撑框架，粘接时四周均匀地留出空余。

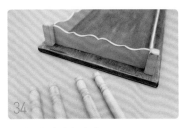

34 用砂纸打磨出复古感。

35 最后粘接桌腿，餐桌就制作完成了。

欧洲街头系列：旅游书屋 La Rose Noire

31

岛台餐桌

ISLAND TABLE

尝试制作一张岛台餐桌吧，学习不安装合页也能自由开合柜门的方法。

成品尺寸	难易度	规格
140mm×60mm×107mm	★★★★★	参考第 215 页

准备物品

基础材料、基础工具 + 固定针、大头针、钳子、手捻钻、手工锤、椴木特殊花纹木料

重点

如何制作没有合页也能自由开合的柜门、如何运用带有椴木独特纹理的木料

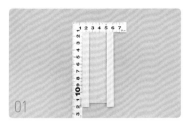

01 粘接侧板和柜腿。

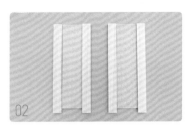

02 以同样的方式再制作一个。

03 沿着直角尺垂直粘接背板。

04 粘接另一块侧板。

05 再粘接顶板和底板，餐桌的柜体就做好了。

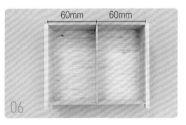

06 用隔板分隔柜子。

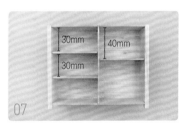

07 再用隔板分层。

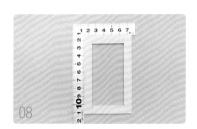

08 用柜门木板制作两个直角框。

09 在框内粘接尺寸合适的椴木装饰木板。粘接时，注意区分好上下方向。

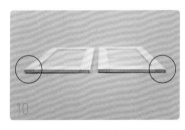

10 在砂纸板上打磨柜门与柜体接触的部分。

并排粘接两块桌面木板。

全部涂刷一层浅橡木色水性着色剂，再给除桌面以外的部分涂刷两层白色水性漆，最后用砂纸打磨抛光。

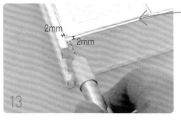

2mm
2mm

窍门
使用大头针代替合页，钻孔孔径应参考大头针的尺寸。

安装好柜门后，再用手捻钻钻孔，钻孔应同时穿过柜门和柜底。上下两面共需钻四个孔。

插入大头针。

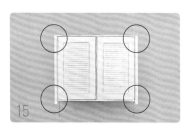

如图所示，插入四根大头针后，确认门是否能够自由开合。若不能，请调整钻孔位置。

在确保门能够自由开合之后，用钳子将大头针剪为3~4mm。

用锤子将剩余大头针钉入木板。

水平放置桌面，粘接柜子时，注意在左右两侧留出均匀的空余。

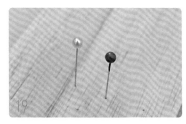

将大头针插在巴沙木余料上，并涂刷丙烯颜料。

用手捻钻在柜门把手位置钻孔。

给大头针涂抹胶水，并将其插入孔内，然后用钳子剪掉多余部分，餐桌就做好了。

32

衣柜

WARDROBE

尝试用雕花装饰打造复古家具。

成品尺寸
87mm×80mm×240mm

难易度
★★★★★

规格
参考第 217 页

准备物品

基础材料、基础工具＋电钻、纸、木棒、手捻钻、钳子、手工锤、大头针、雕花装饰、金刚石锉刀、画圆尺、裁纸剪刀

重点

如何运用雕花装饰、掌握柜门制作方法

152

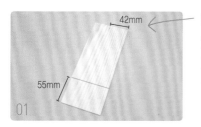

钻孔是为了安装挂钩。由于背板有一定的厚度，应该在中间靠前一点的位置钻孔。

01 在侧板上标记出钻孔与隔板支撑条的位置。

02 用电钻钻孔。

03 将隔板支撑条粘接于画线下方，考虑到门与背板具有一定的厚度，粘接时应在前后分别留出一些空余。

04 粘接顶板和底板。

05 制作一个直角框。

06 粘接上尺寸刚好的背板。

07 将隔板放到支撑条上。

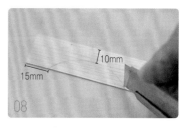

08 用画圆尺在柜门上方的装饰木板上画出圆弧，然后用美工刀沿着画线裁切。

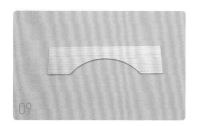

09 用砂纸打磨抛光。

10 将装饰木条贴在柜门上。

将柜门与柜体接触的部分打磨圆滑。

153

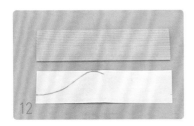

将与柜顶装饰木板相同大小的纸对折，然后在上面画出装饰曲线，并用剪刀剪下。

将纸上的线条描画到木板上，用美工刀顺着木纹轻划，并由外向内裁切。

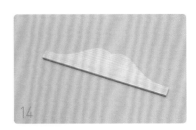

裁切后的样子。

卷曲砂纸，打磨弧面。

用锉刀打磨细节部分。

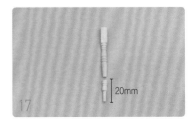

切割木棒。

涂刷一层橡木色水性着色剂，再叠涂两层奶油色水性漆，最后用砂纸打磨抛光。

窍门

柜门这类又宽又薄的木板经上色后可能会产生弯曲现象，但通常情况下，待着色剂干燥后，就会恢复正常。若没有恢复，可用重物按压来辅助恢复。

安装好门，再用手捻钻钻孔。

将大头针插入孔内。

确认门能够自由开合后，用钳子剪掉多余的大头针，然后用手工锤将剩余部分钉入木板。

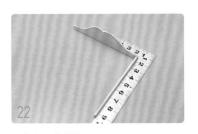

制作柜顶的装饰。

23 单独制作一个装饰框，并粘接至柜子顶部。

24 粘接装饰框后的样子。

25 粘接柜脚。

26 用圆锉刀打磨处理钻孔。

27 给雕花装饰和金属把手装饰涂刷水性漆。

28 从外面插入挂衣杆，再将装饰物粘接于柜顶。

29 再粘接上其余的装饰物和柜门把手，衣柜就做好了。

33

碗柜

CUPBOARD

尝试制作一个搁板架与收纳柜可以自由拆卸组合的碗柜。

成品尺寸	难易度	规格
252mm×130mm×35mm	★★★★★	参考第 220 页

准备物品

基础材料、基础工具 + 纸、金刚石锉刀、手捻钻、钳子、大头针、手工锤、纸、砂棒

重点

如何使用直角尺分栏

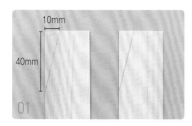

按图示在架子的左右木板上标记裁切位置。

用美工刀顺着木纹的方向裁切。

垂直粘接架子木板，制作一个直角框架。

按照一定间隔粘接隔板。

粘接顶板时，左右两侧留出相等空余，背面无须留余。

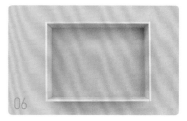

垂直粘接柜子木板，制作一个直角框框架。

粘接与框架同样大小的背板。

粘接隔板。

由于正面需要安装柜门，所以粘接隔板时，应预留出柜门的厚度。

在柜门四周粘接装饰。

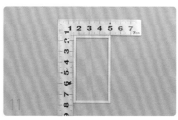

沿着直角尺制作一个直角框架装饰。

将框架装饰粘接到柜门上，粘接时四周分别留出空余。

将柜门与柜体接触的部分打磨圆滑。

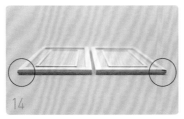

打磨细节如图所示。

将与花边装饰木条同等大小的纸张对折后，在上面画出线条。

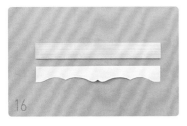

在纸张对折的状态下裁剪，便可得到对称的线条。将线条描画到木板上。

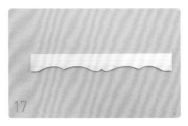

用美工刀沿着画线裁切木板，然后用砂纸打磨抛光。（具体过程请参考第142页"餐桌"的制作步骤）

涂刷一层橡木色水性着色剂。

涂刷两层奶油色水性漆，然后用砂纸打磨抛光。

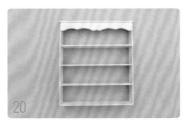

粘接花边装饰木板。

组装好柜门，然后用手捻钻钻孔。

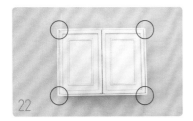

用手捻钻在如图所示的四个柜角钻孔，并插入大头针。

确认门可以自由开合后，用钳子将多余的大头针剪至3~4mm。

用手工锤将剩余的大头针钉入木板。

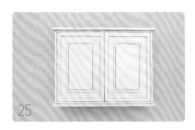

25

用装饰木条装饰柜门，并粘接顶板与底板。

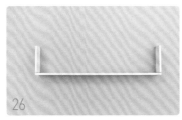

26

制作"п"形底座。

27

粘接至柜底。

28

隔板架可与柜子上下组合使用，亦可拆分单独使用。

34

洗涤柜

SINK UNIT

一起学习厨房水槽的制作方法，用瓷砖式贴纸加以装饰。

成品尺寸	难易度	规格
170mm×53mm×130mm	★★★★★	参考第 223 页

准备物品

基础材料、基础工具 + 画圆尺、瓷砖式贴纸、电钻、气眼扣、手捻钻、钳子、大头针、手工锤

重点

如何运用瓷砖式贴纸、如何制作厨房水槽

01

沿着直角尺垂直粘接柜体两块木板。

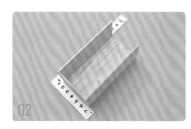

02

粘接背板与侧板。

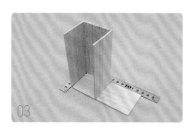

03

粘接底板。

04

重复步骤 02。

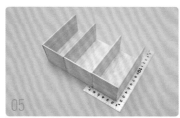

05

以同样的方式制作 3 个隔间。

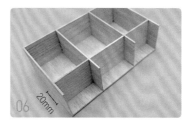

06

20mm

粘接上层隔板。

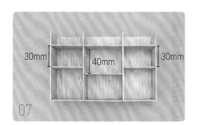

07

30mm　40mm　30mm

粘接中层隔板。

08

沿着直角尺，将抽屉木条粘接为"∩"形。

09

粘接抽屉底板。

10

在抽屉面板上粘接上下装饰木条。

11

粘接左右装饰木条，完成抽屉面板的装饰。

12

将抽屉面板粘接至抽屉正面，粘接时，注意在抽屉面板左右两侧留出相等空余。

窍门
抽屉背板的高度应低于面板，这样才能自由抽拉。

13 抽屉俯视的样子。

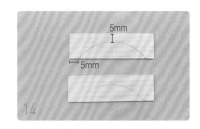

14 用画圆尺在柜门装饰木板上画出圆弧。

15 用美工刀裁切后，再用砂纸打磨抛光。

16 在柜门上粘接拱形装饰。

17 完成外框装饰。

在砂纸板上将柜门与柜体接触的部分打磨圆滑。

19 打磨细节展示。

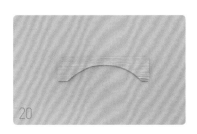

20 再制作一个拱形装饰。

21 加上边框，装饰框就做好了。

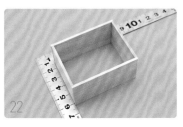

22 制作水槽。沿着直角尺，制作一个直角框框架。

粘接底板，并将边角打磨圆滑。

只需打磨上角即可。

制作底座。将木条粘接为"П"形。

将瓷砖贴纸剪成所需尺寸。

将水槽两侧的台面贴上瓷砖贴纸。先粘贴正面，再粘贴其他面。

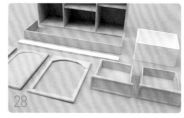
水槽部分涂刷两至三层白色水性漆。其余部分涂刷一层橡木色水性着色剂，再叠刷调色水性漆。

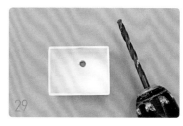
用电钻在水槽上钻孔。

安装气眼扣装饰。

安装好柜门，再用手捻钻钻孔。

插入大头针，确保柜门能够自由开合。

用钳子将多出的大头针剪至3~4mm，再用锤子将剩余部分钉入木板。

粘接水槽与柜体。

粘接底座。

将大头针插入巴沙木余料，涂刷丙烯
颜料。

用手捻钻在抽屉与柜门上钻孔，再安
装上把手，洗涤柜就制作完成了。

微缩草图
—配件系列—

植物
易拉罐
钥匙
铁盒
书
褐色瓶子
圣诞
花环
胸花
肥皂
剪报集
蕾丝胸花
蕾丝锦带
梳子 镜子
发圈 发夹
日记本
削笔器
相机
人台
铁艺置物篮
布料

35

装饰柜

CABINET

在学习制作装饰柜的过程中，学习如何用亮闪闪的珠子把手来装饰玻璃门。

成品尺寸	难易度	规格
230mm×75mm×50mm	★★★★★	参考第 227 页

准备物品

基础材料、基础工具 + 软质亚克力板、手捻钻、钳子、工艺珠、大头针、雕花装饰、木棒、手工锤

重点

如何用亚克力板打造出玻璃门的效果、如何运用工艺珠

01 沿着直角尺制作一个直角框架。

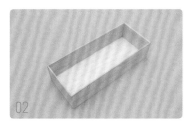

02 粘接与框架同等大小的背板。

03 按照一定的间隔粘接隔板。

04 用强力胶在装饰木板上粘贴雕花装饰。

05 裁切柜腿木棒的上端。

窍门

原本木棒的上端需要挖空插入，但这对于新手来说有一定难度，新手可以直接裁切木棒后使用。

06 门框与柜体接触的部分用砂纸打磨圆滑。

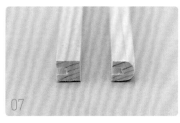

07 只需将一根木条打磨圆滑即可。

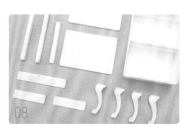

08 涂刷一层浅橡木色水性着色剂，再叠涂两层白色水性漆，最后用砂纸打磨抛光。

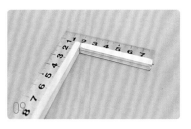

09 沿着直角尺垂直粘接两根门框木条，凹槽部分粘接在内侧，以便插入亚克力板。

10 粘接下面的木条，制成"冂"形木框。

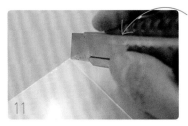

窍门

软质亚克力（PET）比普通亚克力
更加柔软，更易于用刀裁切。

用美工刀裁切亚克力板。

亚克力板若贴着透明薄膜，插入框架
前请先将薄膜撕下。

将亚克力插入"冂"形框架凹槽。

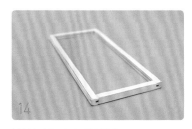

粘接门框，柜门就制作好了。

粘接顶板与底板，注意留出适当空余。

侧面的样子。考虑到柜门有一定的厚
度，顶板与底板应向前凸出。

安装柜门。

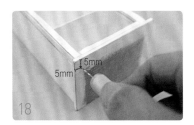

用手捻钻钻孔。

插入大头针并确认门可以自由开合后，
用钳子将多余的大头针剪至3~4mm，
最后用锤子将剩余部分钉入木板。

将顶部装饰粘接为"冂"形。

21 安装柜门后，再粘接顶部装饰。

22 粘接顶板。

23 粘接柜腿。

24 用手捻钻在安装把手的位置钻孔。

25 将大头针穿上珠子，在上面涂抹胶水后插入孔内，剪掉多余部分。

26 装饰柜就制作完成了。

ruruko
的宠物们

ruruko有三只猫咪和两只狗狗。

奶牛猫叫丁丁、好奇心重的是小黄、喜欢爬高的是灰灰，还有小狗困困以及雪纳瑞汪奇。

丁丁是个淘气的小男孩，它的好奇心很重，喜欢把自己挂起来，也喜欢被人抱着。

困困是个小宝宝，整天都在打瞌睡。

我不是肚子饿……
呆呆的眼神好像在想什么,
总感觉它是个有学问的家
伙呢。

喜欢爬高的灰灰,
很喜欢独处。
它总是安静地坐在那里。

ruruko 最喜欢的雪纳瑞汪奇,
它总是安静地守在 ruruko 身边。
床是它的专属位置。

娃娃品牌: 天空和服款 ruruko (おそらのふりそで ruruko),
8rule(宠物玩具)
服装品牌: pang pang
ruruko ⓒ PetWORKs Co.,Ltd.

8rule
用毛毡制作猫咪和小狗。

ruruko©PetWORKs Co.,Ltd.

©danto doll

©YVELY

©Atomaru

Part 3
娃娃家具
图纸

家具图纸的介绍顺序与制作过程一致，一起来学习每个步骤应该使用什么样的木料吧！

※图纸大小仅供参考，实际制作以｜｜中标示的尺寸为准。

01

铁艺木质
壁挂架

制作方法：参考第 54 页

支撑木条▕ 2mm×2mm×26mm ▕ ×2个 ▼

▲ 木板▕ 115mm×30mm×2mm ▕ ×1个

支撑木条可参考雕花装饰的长度进行裁切。

02 雕花装饰 ×2个

02

田园风铁艺
网格框

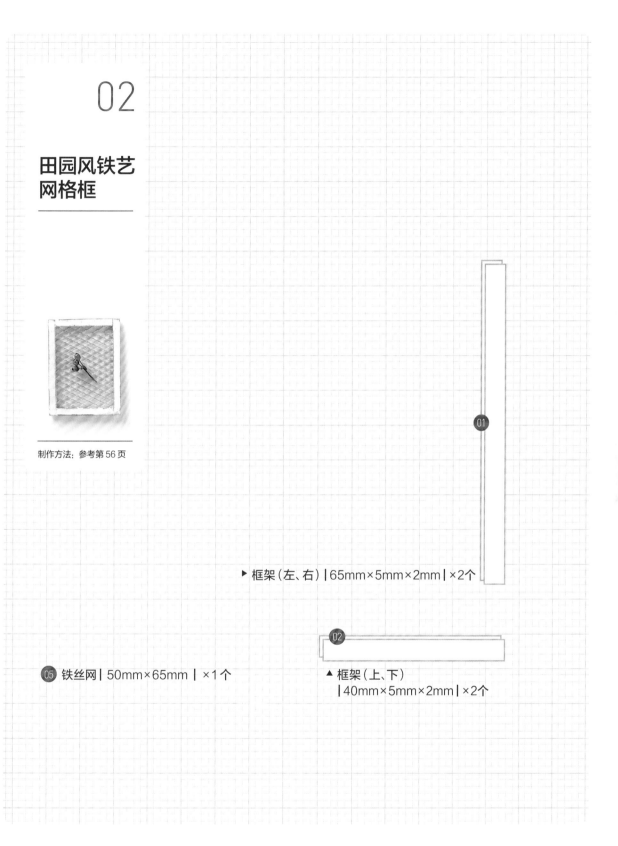

制作方法：参考第 56 页

▶ 框架（左、右）| 65mm×5mm×2mm | ×2个

① 01

② 02

▲ 框架（上、下）
| 40mm×5mm×2mm | ×2个

⑤ 铁丝网 | 50mm×65mm | ×1个

03

木箱

制作方法：参考第58页

▲ L（前、后）┃50mm×10mm×2mm┃×2个

▲ L（左、右）┃25mm×10mm×2mm┃×2个

▲ L（底板）┃巴沙木┃46mm×25mm×2mm┃×1个

▲ S（前、后）
┃40mm×10mm×2mm┃×2个

▲ S（左、右）┃15mm×10mm×2mm┃×2个

▲ S（底板）
┃巴沙木┃36mm×15mm×2mm┃×1个

04

木梯

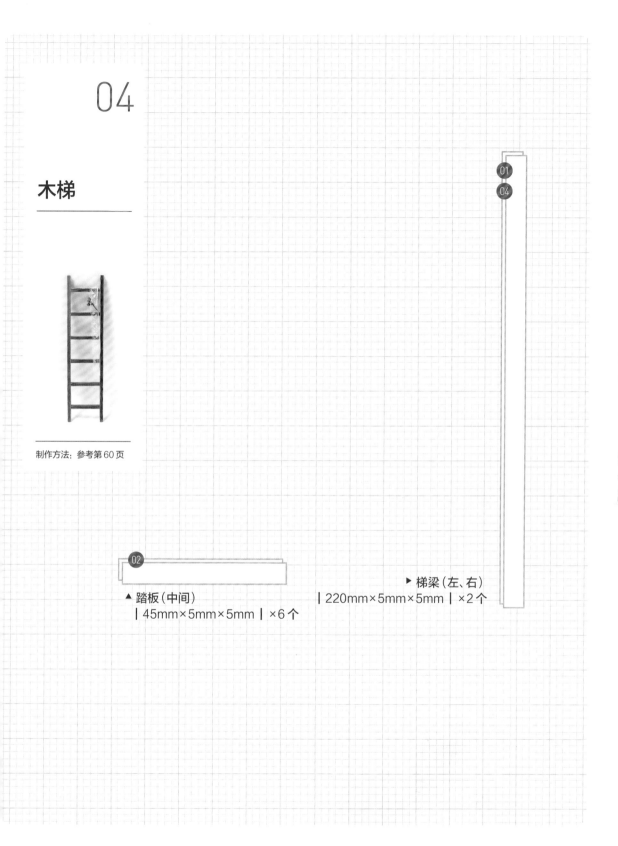

制作方法：参考第60页

02

▲ 踏板（中间）
| 45mm×5mm×5mm | ×6个

▶ 梯梁（左、右）
| 220mm×5mm×5mm | ×2个

05

茶几

制作方法：参考第62页

▲ 桌边｜78mm×12mm×2mm｜×4个

 雕花装饰 ×2个

03 桌腿木棒 ×4个（1组）

01

▲ 桌面｜100mm×50mm×3mm｜×2个
或｜100mm×100mm×3mm｜×1个

06

方凳

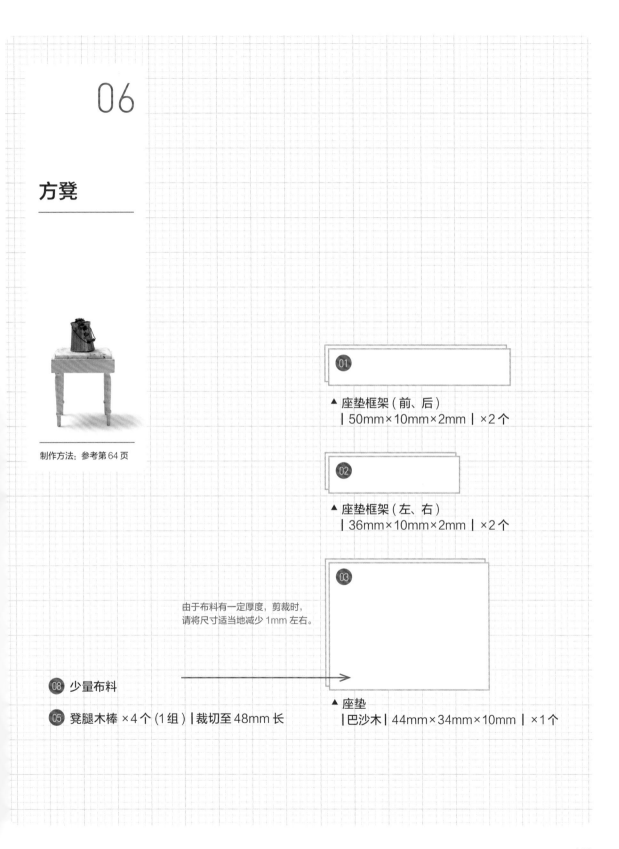

制作方法：参考第64页

01

▲ 座垫框架（前、后）
| 50mm×10mm×2mm | ×2个

02

▲ 座垫框架（左、右）
| 36mm×10mm×2mm | ×2个

03

由于布料有一定厚度，剪裁时，
请将尺寸适当地减少1mm左右。

08 少量布料

05 凳腿木棒 ×4个（1组）| 裁切至48mm长

▲ 座垫
| 巴沙木 | 44mm×34mm×10mm | ×1个

07

栅栏花盆架

制作方法：参考第66页

▲ 框架（左、右）｜22mm×5mm×2mm｜×2个

▲ 框架（前、后）｜64mm×5mm×2mm｜×2个

▲ 栅栏｜25mm×10mm×1mm｜×16个

▲ 底板｜巴沙木｜68mm×22mm×2mm｜×1个

08

壁挂式衣架

制作方法：参考第68页

▲ 顶板（上）┃ 70mm×20mm×2mm ┃ ×1个

▲ 侧板（左、右）┃ 17mm×15mm×2mm ┃ ×2个

▲ 背板（后）┃ 60mm×15mm×2mm ┃ ×1个

06 大头针 ×3个

09

花园长椅

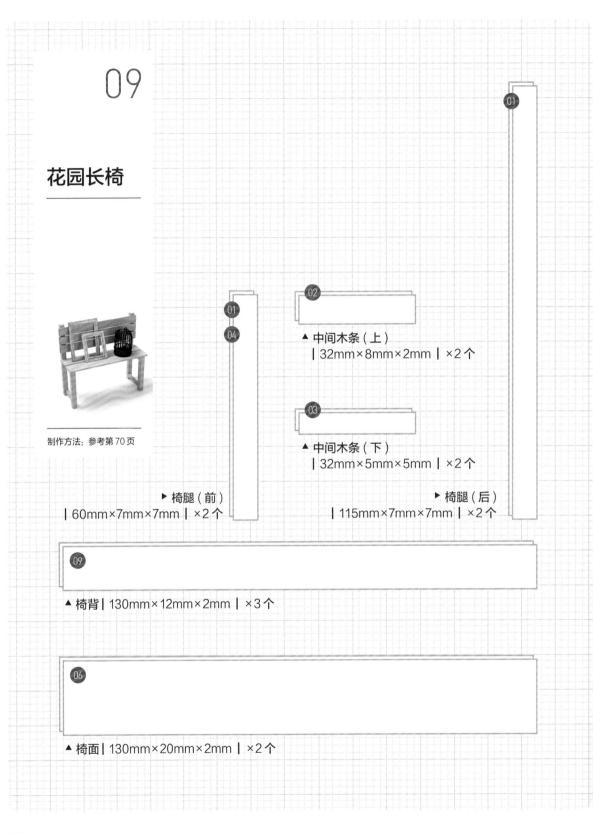

制作方法: 参考第70页

01
04

▶ 椅腿（前）
| 60mm×7mm×7mm | ×2个

02

▲ 中间木条（上）
| 32mm×8mm×2mm | ×2个

03

▲ 中间木条（下）
| 32mm×5mm×5mm | ×2个

▶ 椅腿（后）
| 115mm×7mm×7mm | ×2个

01

09

▲ 椅背 | 130mm×12mm×2mm | ×3个

06

▲ 椅面 | 130mm×20mm×2mm | ×2个

10

床头箱

制作方法：参考第72页

15 金属装饰 ×2个

02

▲ 箱体（左、右）
| 44mm×50mm×3mm | ×2个

05

▲ 盖子（内部）| 71mm×2mm×2mm | ×2个

06

▲ 盖子（内部）| 37mm×2mm×2mm | ×2个

07

▲ 底座（前、后）| 80mm×10mm×2mm | ×2个

12

▲ 底座（左、右）| 46mm×10mm×2mm | ×2个

01
04

▲ 盖子、箱体（前、后）| 80mm×50mm×3mm | ×3个

03

▲ 底板 | 巴沙木 | 74mm×44mm×3mm | ×1个

11

壁橱

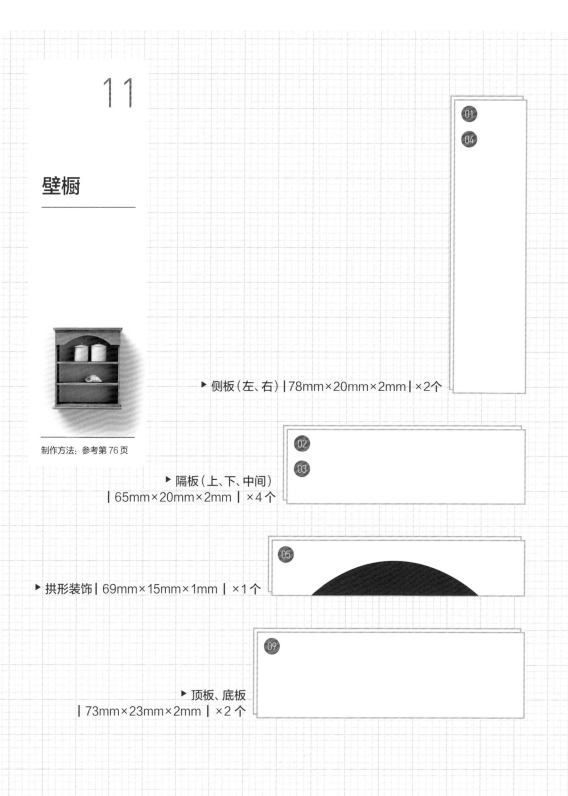

制作方法：参考第76页

▶ 侧板（左、右）| 78mm×20mm×2mm | ×2个

▶ 隔板（上、下、中间）
| 65mm×20mm×2mm | ×4个

▶ 拱形装饰 | 69mm×15mm×1mm | ×1个

▶ 顶板、底板
| 73mm×23mm×2mm | ×2个

12

缝纫桌

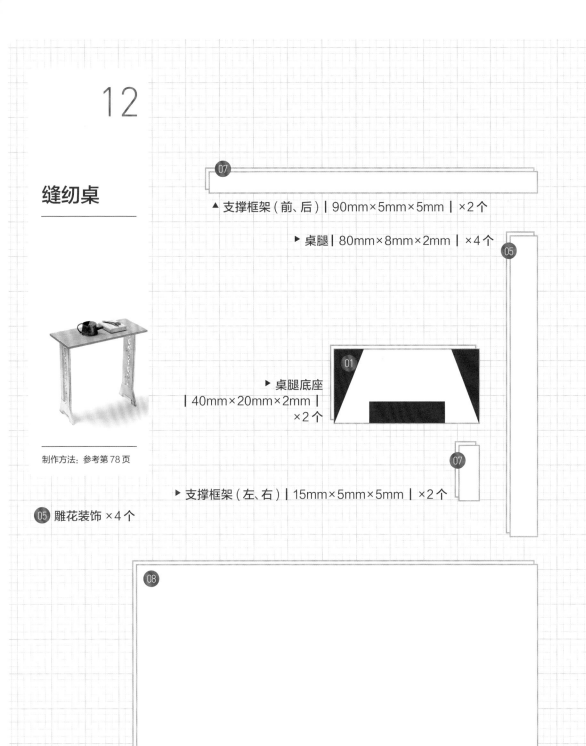

制作方法：参考第78页

05 雕花装饰 ×4个

07 ▲ 支撑框架（前、后）| 90mm×5mm×5mm | ×2个

▶ 桌腿 | 80mm×8mm×2mm | ×4个

05

01

▶ 桌腿底座
| 40mm×20mm×2mm |
×2个

07

▶ 支撑框架（左、右）| 15mm×5mm×5mm | ×2个

08

▲ 桌面 | 110mm×50mm×3mm | ×1个

13

五层置物架

制作方法：参考第 80 页

01

▲ 侧架（上、下）｜ 30mm×5mm×5mm ｜ ×4个

03

▲ 层板支撑｜ 40mm×2mm×2mm ｜ ×10个

05 — 06

▲ 层板（上、中、下）｜ 75mm×5mm×5mm ｜ ×25个

05

◀ 层板（左、右）｜ 40mm×5mm×5mm ｜ ×10个

▶ 侧架（前、后）
｜ 220mm×5mm×5mm ｜ ×
4个

14

书桌

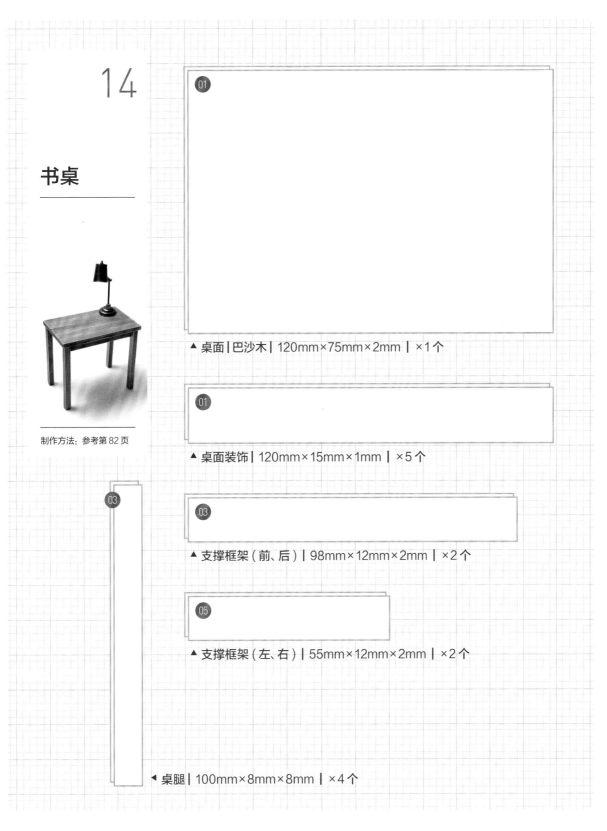

制作方法：参考第 82 页

01 桌面 ▲ 桌面｜巴沙木｜120mm×75mm×2mm｜×1个

01 桌面装饰 ▲ 桌面装饰｜120mm×15mm×1mm｜×5个

03 ▲ 支撑框架（前、后）｜98mm×12mm×2mm｜×2个

05 ▲ 支撑框架（左、右）｜55mm×12mm×2mm｜×2个

03 ▲ 桌腿｜100mm×8mm×8mm｜×4个

15

书柜

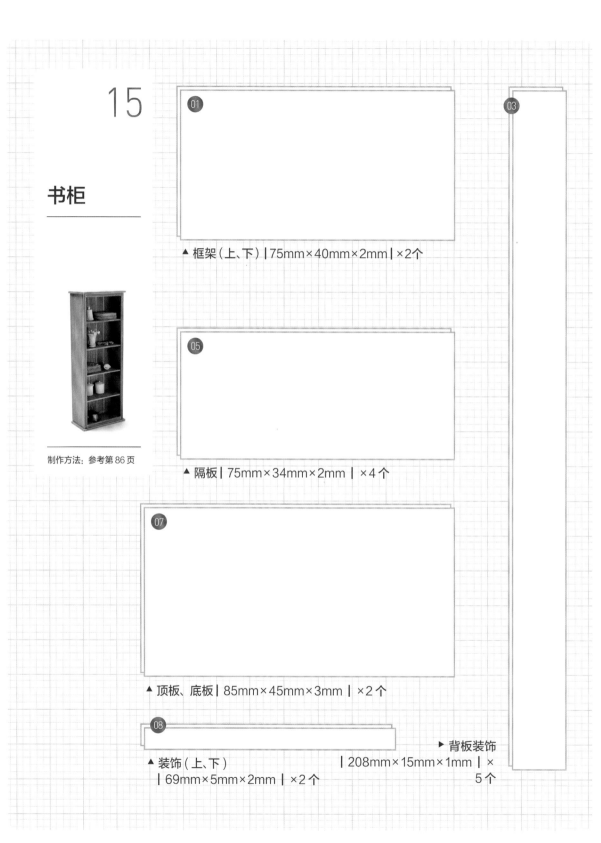

制作方法：参考第86页

① ▲ 框架（上、下）┃75mm×40mm×2mm┃×2个

⑤ ▲ 隔板┃75mm×34mm×2mm┃×4个

⑦ ▲ 顶板、底板┃85mm×45mm×3mm┃×2个

⑧ ▲ 装饰（上、下）
┃69mm×5mm×2mm┃×2个

③ ▶ 背板装饰
┃208mm×15mm×1mm┃×5个

▲ 框架（左、右）
| 212mm×40mm×2mm | ×2个

▲ 背板 | 巴沙木 | 208mm×75mm×2mm | ×1个

▲ 装饰（左、右）
| 212mm×5mm×2mm | ×2个

16

单人床

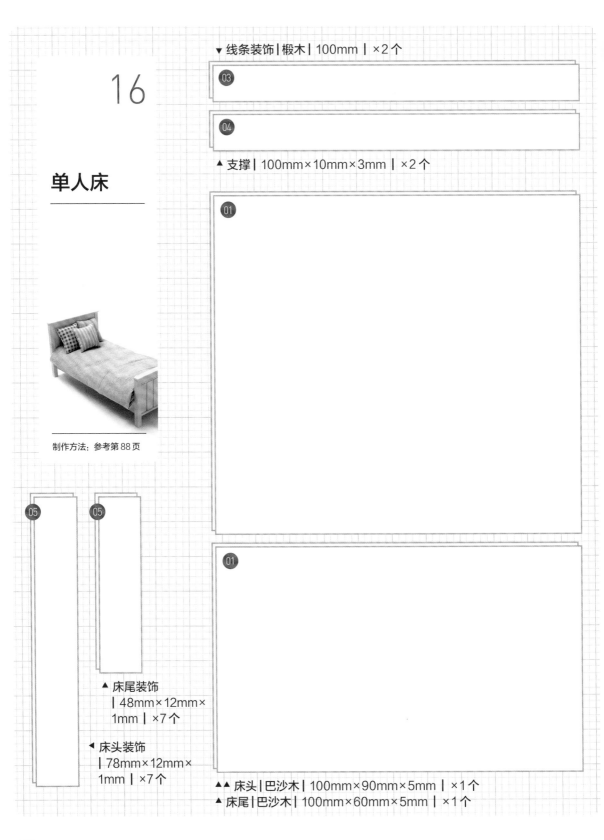

制作方法：参考第88页

▼ 线条装饰│椴木│100mm│×2个

03

04

▲ 支撑│100mm×10mm×3mm│×2个

01

01

05 05

▲ 床尾装饰
│48mm×12mm×
1mm│×7个

◀ 床头装饰
│78mm×12mm×
1mm│×7个

▲▲ 床头│巴沙木│100mm×90mm×5mm│×1个
▲ 床尾│巴沙木│100mm×60mm×5mm│×1个

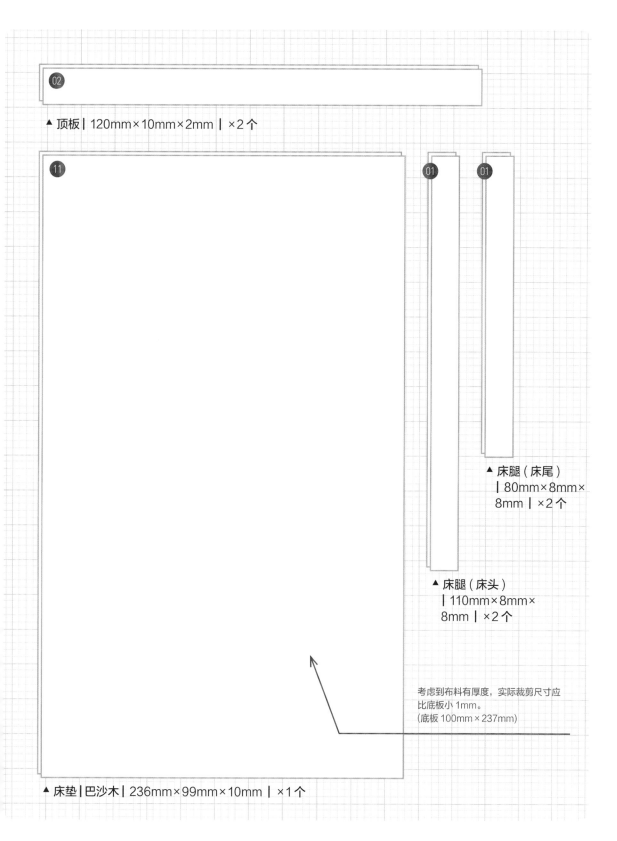

▲ 顶板 | 120mm×10mm×2mm | ×2个

▲ 床腿（床尾）
| 80mm×8mm×
8mm | ×2个

▲ 床腿（床头）
| 110mm×8mm×
8mm | ×2个

考虑到布料有厚度，实际裁剪尺寸应
比底板小 1mm。
（底板 100mm × 237mm）

▲ 床垫 | 巴沙木 | 236mm×99mm×10mm | ×1个

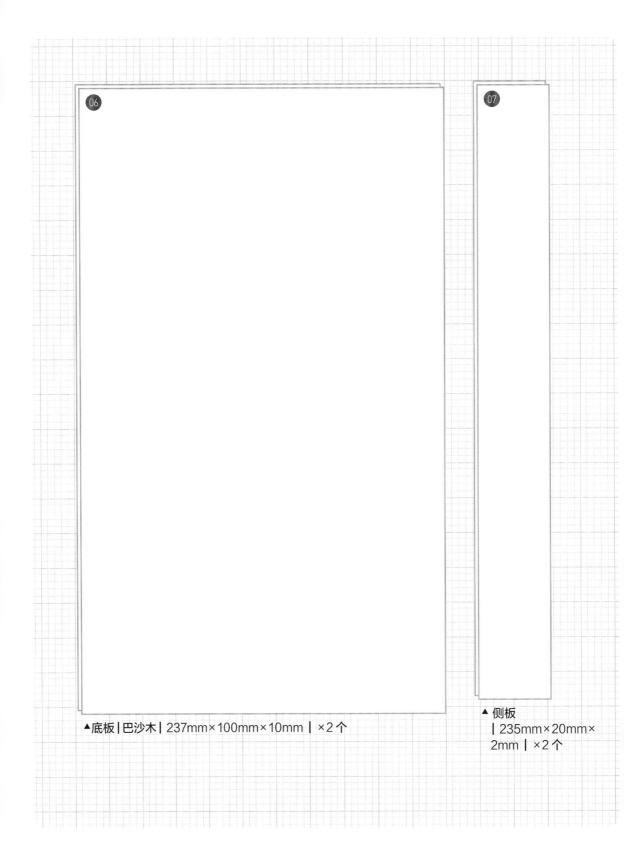

06

07

▲底板丨巴沙木丨237mm×100mm×10mm丨×2个

▲ 侧板
丨235mm×20mm×2mm丨×2个

17

单人沙发

制作方法：参考第 92 页

▲ 椅背｜巴沙木｜102mm×70mm×10mm｜×1个

▲ 扶手｜巴沙木｜80mm×70mm×10mm｜×2个

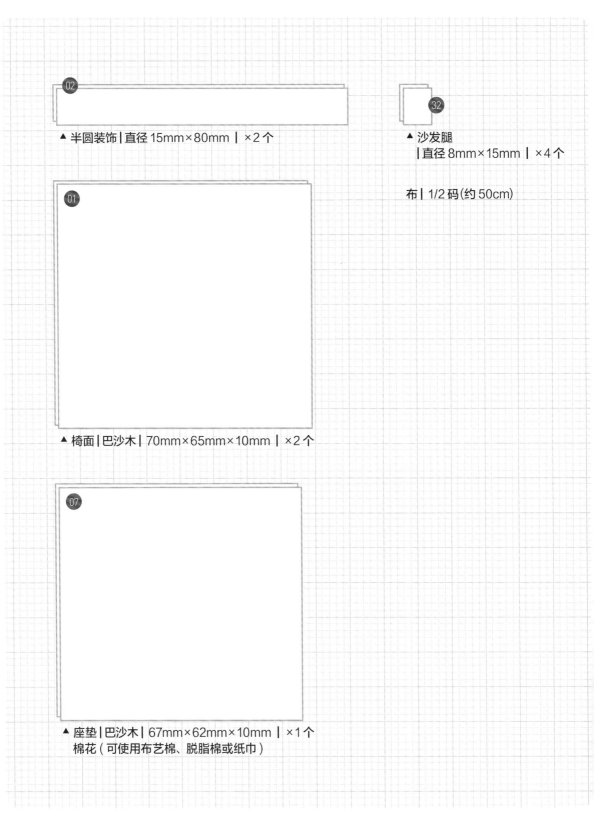

02

▲ 半圆装饰｜直径 15mm×80mm｜×2 个

32

▲ 沙发腿
　｜直径 8mm×15mm｜×4 个

布｜1/2 码(约 50cm)

01

▲ 椅面｜巴沙木｜70mm×65mm×10mm｜×2 个

07

▲ 座垫｜巴沙木｜67mm×62mm×10mm｜×1 个
　棉花（可使用布艺棉、脱脂棉或纸巾）

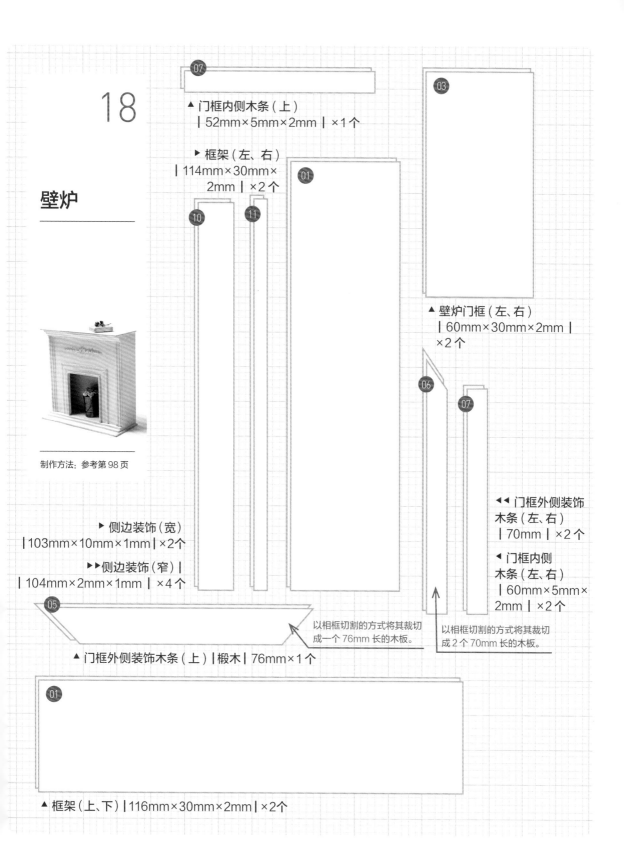

18

壁炉

制作方法：参考第 98 页

▲ 门框内侧木条（上）
| 52mm×5mm×2mm | ×1个

▶ 框架（左、右）
| 114mm×30mm×
2mm | ×2个

▲ 壁炉门框（左、右）
| 60mm×30mm×2mm |
×2个

▶ 侧边装饰（宽）
| 103mm×10mm×1mm | ×2个

▶▶侧边装饰（窄）|
| 104mm×2mm×1mm | ×4个

以相框切割的方式将其裁切成一个 76mm 长的木板。

▲ 门框外侧装饰木条（上）| 椴木 | 76mm×1个

◀◀门框外侧装饰
木条（左、右）
| 70mm | ×2个

◀ 门框内侧
木条（左、右）
| 60mm×5mm×
2mm | ×2个

以相框切割的方式将其裁切成 2 个 70mm 长的木板。

▲ 框架（上、下）| 116mm×30mm×2mm | ×2个

03

▲ 壁炉门框（上）｜116mm×50mm×2mm｜×1个

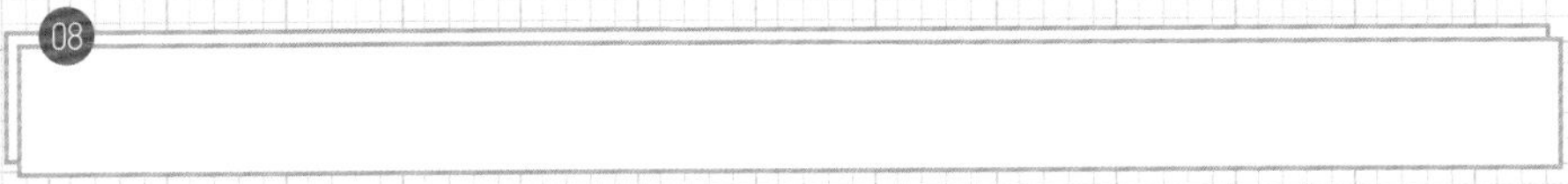

08

▲ 踢脚线木条｜椴木｜120mm×1个

14
16

▲ 顶板｜126mm×44mm×2mm｜×1个

13

▲ 第1层底板｜120mm×40mm×2mm｜×1个

▲ 底部木条┃120mm×5mm×2mm┃×1个

▲ 背板┃巴沙木┃116mm×110mm×2mm┃×1个

▲ 第2层底板┃126mm×50mm×2mm┃×1个

19

立式展牌

制作方法: 参考第 102 页

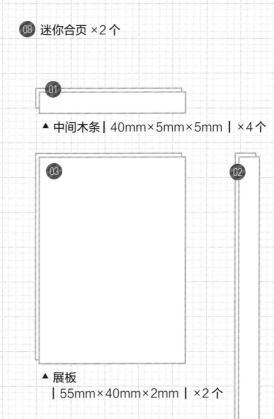

08 迷你合页 ×2 个

01 ▲ 中间木条 | 40mm×5mm×5mm | ×4 个

03 ▲ 展板 | 55mm×40mm×2mm | ×2 个

02 ▶ 侧架 | 80mm×5mm×5mm | ×4 个

20

梳妆台和镜子

制作方法: 参考第 104 页

▲ 抽屉外框（背板）┃84mm×20mm×2mm┃×1个

▲ 抽屉外框（底板）┃84mm×43mm×2mm┃×1个

▲ 抽屉面板┃87mm×20mm×2mm┃×1个

◀ 桌腿（上）
┃8mm×8mm×23mm┃×4个

⑬ 桌腿（下）×4个（1组）

◀ 抽屉外框（左、右）
┃45mm×20mm×2mm┃×2个

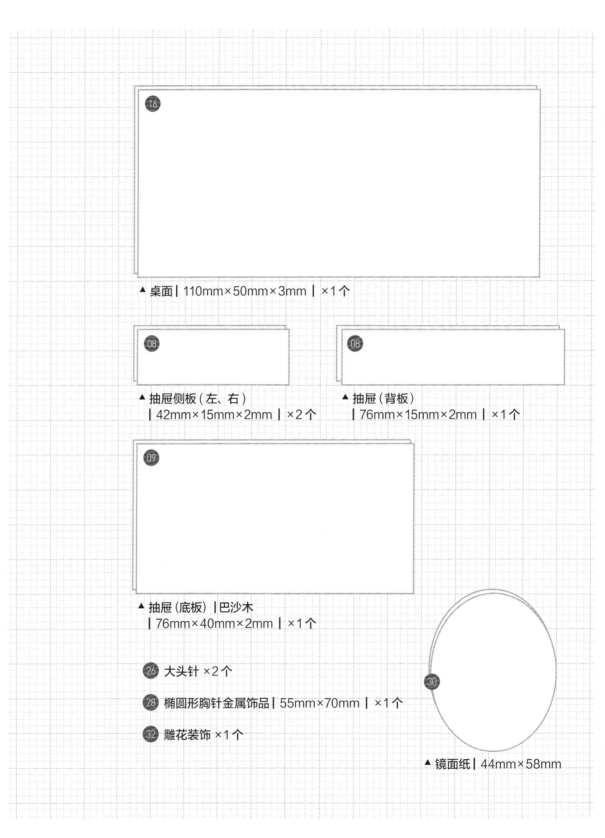

▲ 桌面┃110mm×50mm×3mm ┃×1个

▲ 抽屉侧板（左、右）
　┃42mm×15mm×2mm ┃×2个

▲ 抽屉（背板）
　┃76mm×15mm×2mm ┃×1个

▲ 抽屉（底板）┃巴沙木
　┃76mm×40mm×2mm ┃×1个

26 大头针 ×2个

28 椭圆形胸针金属饰品┃55mm×70mm ┃×1个

32 雕花装饰 ×1个

▲ 镜面纸┃44mm×58mm

21

抽屉柜

制作方法：参考第 108 页

24 大头针 ×2 个

03
04

06

11

08

▲ 抽屉侧板（左、右）
| 43mm×30mm×
2mm | ×4 个

▲▲▲ 顶板、底板 | 110mm×50mm×2mm | ×2 个
▲▲ 背板 | 巴沙木 | 110mm×80mm×2mm | ×1 个
▲ 隔板 | 110mm×42mm×2mm | ×1 个

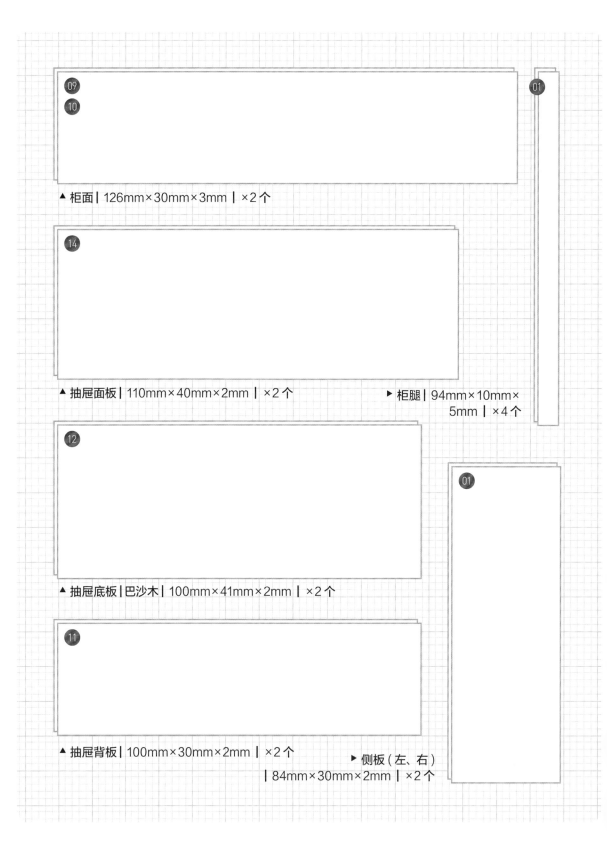

09 **10**
▲ 柜面 | 126mm×30mm×3mm | ×2个

14
▲ 抽屉面板 | 110mm×40mm×2mm | ×2个

▶ 柜腿 | 94mm×10mm×5mm | ×4个

12
▲ 抽屉底板 | 巴沙木 | 100mm×41mm×2mm | ×2个

01

11
▲ 抽屉背板 | 100mm×30mm×2mm | ×2个

▶ 侧板（左、右）
| 84mm×30mm×2mm | ×2个

22

收纳桌

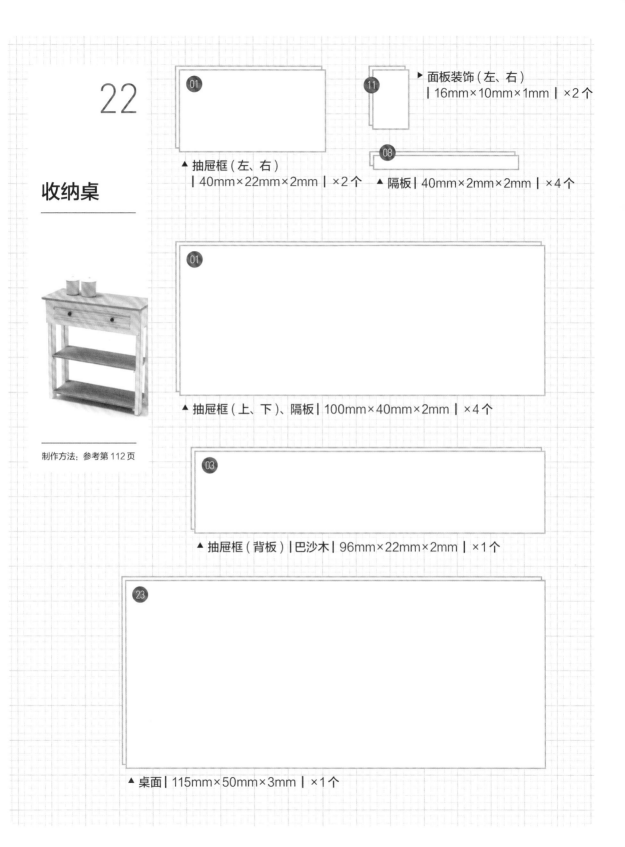

制作方法: 参考第 112 页

01 ▲ 抽屉框(左、右) | 40mm×22mm×2mm | ×2个

11 ▶ 面板装饰(左、右) | 16mm×10mm×1mm | ×2个

08 ▲ 隔板 | 40mm×2mm×2mm | ×4个

01 ▲ 抽屉框(上、下)、隔板 | 100mm×40mm×2mm | ×4个

03 ▲ 抽屉框(背板) | 巴沙木 | 96mm×22mm×2mm | ×1个

23 ▲ 桌面 | 115mm×50mm×3mm | ×1个

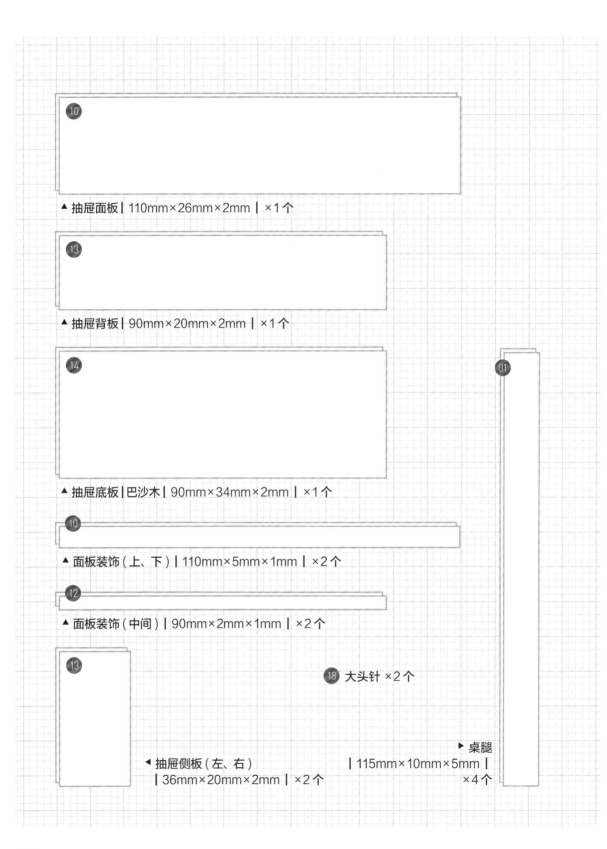

▲ 抽屉面板 | 110mm×26mm×2mm | ×1个

▲ 抽屉背板 | 90mm×20mm×2mm | ×1个

▲ 抽屉底板 | 巴沙木 | 90mm×34mm×2mm | ×1个

▲ 面板装饰（上、下）| 110mm×5mm×1mm | ×2个

▲ 面板装饰（中间）| 90mm×2mm×1mm | ×2个

18 大头针 ×2个

◀ 抽屉侧板（左、右）
| 36mm×20mm×2mm | ×2个

▶ 桌腿
| 115mm×10mm×5mm |
×4个

23

五层抽屉柜

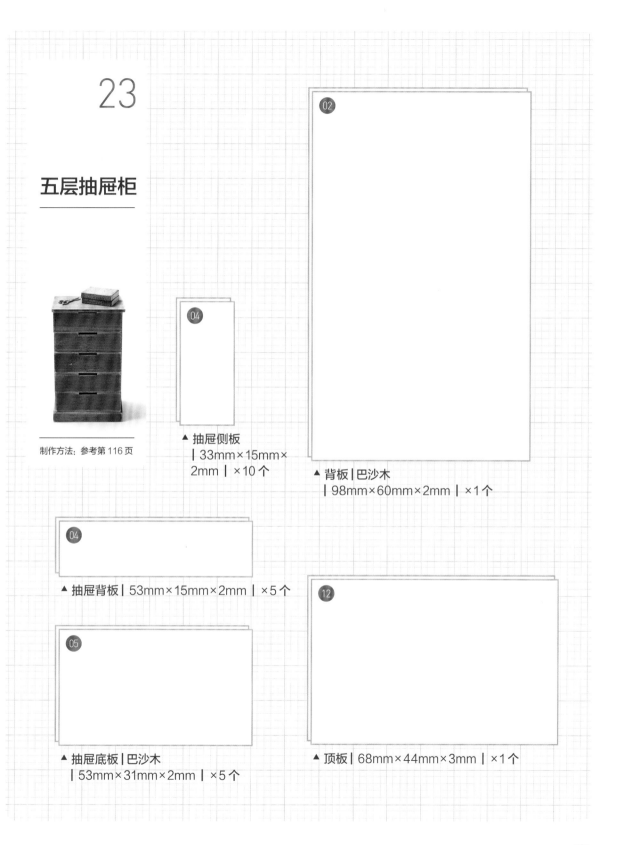

制作方法：参考第116页

04

▲ 抽屉侧板
| 33mm×15mm×2mm | ×10 个

02

▲ 背板 | 巴沙木
| 98mm×60mm×2mm | ×1 个

04

▲ 抽屉背板 | 53mm×15mm×2mm | ×5 个

05

▲ 抽屉底板 | 巴沙木
| 53mm×31mm×2mm | ×5 个

12

▲ 顶板 | 68mm×44mm×3mm | ×1 个

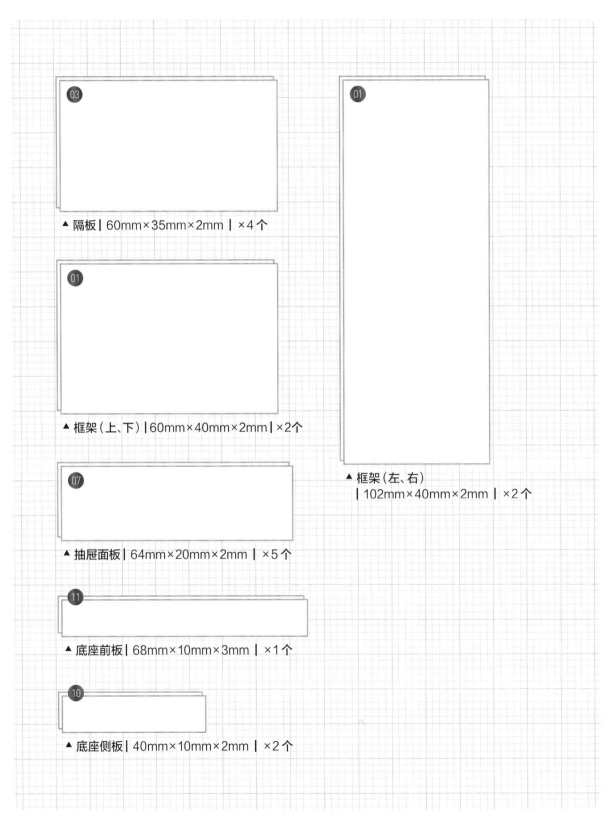

▲ 隔板｜60mm×35mm×2mm｜×4个

▲ 框架（上、下）｜60mm×40mm×2mm｜×2个

▲ 抽屉面板｜64mm×20mm×2mm｜×5个

▲ 底座前板｜68mm×10mm×3mm｜×1个

▲ 底座侧板｜40mm×10mm×2mm｜×2个

▲ 框架（左、右）
｜102mm×40mm×2mm｜×2个

24

壁挂式置盘架

制作方法：参考第 120 页

 07

▲ 背板（上、下）│ 100mm×15mm×2mm │ ×2个

 08

▲ 隔板 │ 100mm×10mm×2mm │ ×2个

12

▲ 半圆木棒 │ 直径 3mm │ 100mm×2个

 01

13

◀ 杯子挂钩 │ 直径 2mm（木签） │ 10mm×4个

◀ 侧板 │ 100mm×20mm×2mm │ ×2个

25

书桌椅

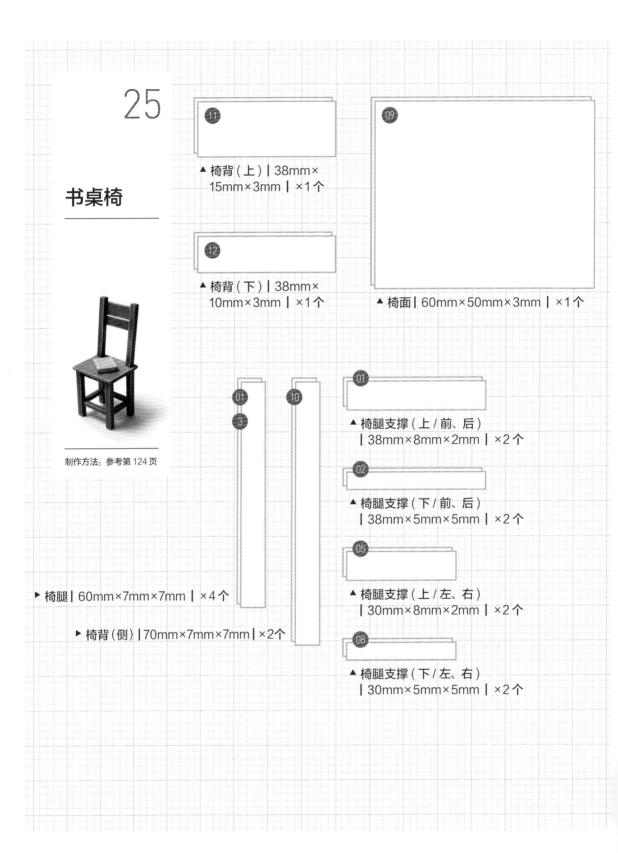

制作方法：参考第 124 页

⑪ ▲ 椅背（上）| 38mm× 15mm×3mm | ×1个

⑫ ▲ 椅背（下）| 38mm× 10mm×3mm | ×1个

⑨ ▲ 椅面 | 60mm×50mm×3mm | ×1个

① ③

▶ 椅腿 | 60mm×7mm×7mm | ×4个

⑩

▶ 椅背（侧）| 70mm×7mm×7mm | ×2个

① ▲ 椅腿支撑（上 / 前、后）| 38mm×8mm×2mm | ×2个

② ▲ 椅腿支撑（下 / 前、后）| 38mm×5mm×5mm | ×2个

⑤ ▲ 椅腿支撑（上 / 左、右）| 30mm×8mm×2mm | ×2个

⑧ ▲ 椅腿支撑（下 / 左、右）| 30mm×5mm×5mm | ×2个

26

椅子

制作方法: 参考第 128 页

▲ 椅背（上）┃ 57mm×12mm×2mm ┃ ×1个

▲ 椅背（下）┃ 47mm×12mm×2mm ┃ ×1个

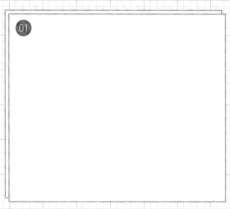

▲ 椅面 ┃ 60mm×50mm×3mm ┃ ×1个

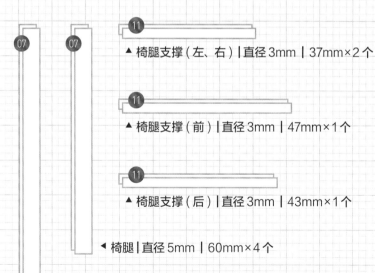

▲ 椅腿支撑（左、右）┃ 直径3mm ┃ 37mm×2个

▲ 椅腿支撑（前）┃ 直径3mm ┃ 47mm×1个

▲ 椅腿支撑（后）┃ 直径3mm ┃ 43mm×1个

◀ 椅腿 ┃ 直径5mm ┃ 60mm×4个

◀ 椅背（侧）┃ 直径5mm ┃ 75mm×2个

27

圆凳

制作方法：参考第 132 页

01

▲ 凳面
| 37mm×37mm×3mm | ×1个

07

▲ 凳面支撑①
| 21mm×5mm×5mm | ×1个

07

▲ 凳面支撑②
| 8mm×5mm×5mm | ×2个

07

▲ 凳腿支撑① | 32mm×5mm×5mm | ×1个

07

▲ 凳腿支撑② | 15mm×5mm×5mm | ×2个

05

◀ 凳腿
| 70mm×5mm×5mm |
×4个

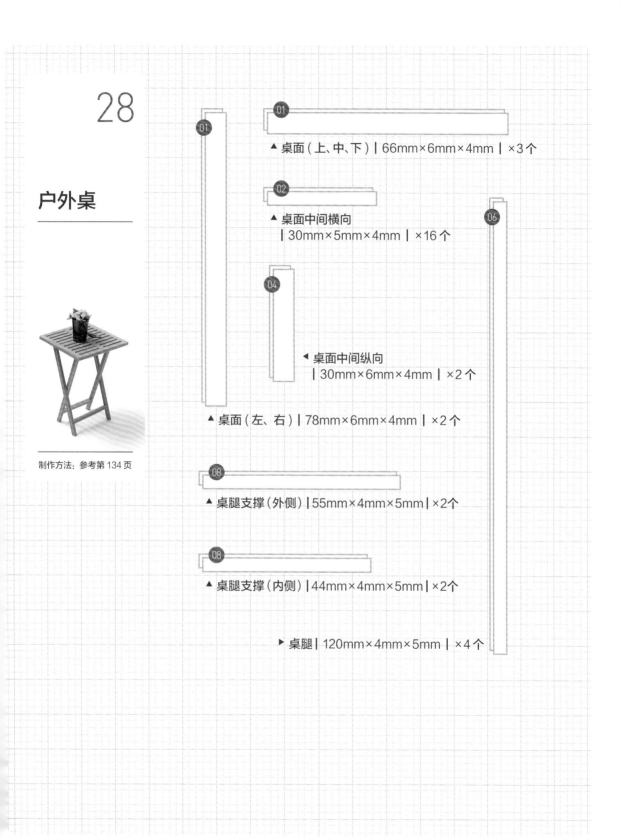

28

户外桌

制作方法：参考第 134 页

▲ 桌面（上、中、下）┃66mm×6mm×4mm┃×3个

▲ 桌面中间横向
┃30mm×5mm×4mm┃×16个

◀ 桌面中间纵向
┃30mm×6mm×4mm┃×2个

▲ 桌面（左、右）┃78mm×6mm×4mm┃×2个

▲ 桌腿支撑（外侧）┃55mm×4mm×5mm┃×2个

▲ 桌腿支撑（内侧）┃44mm×4mm×5mm┃×2个

▶ 桌腿┃120mm×4mm×5mm┃×4个

29

户外椅

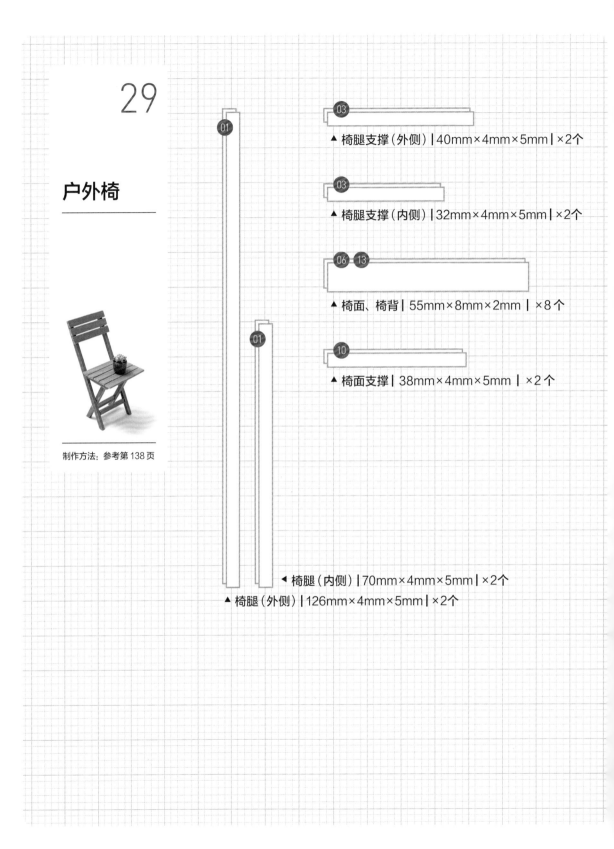

制作方法：参考第138页

▲ 椅腿支撑（外侧）| 40mm×4mm×5mm | ×2个

▲ 椅腿支撑（内侧）| 32mm×4mm×5mm | ×2个

▲ 椅面、椅背 | 55mm×8mm×2mm | ×8个

▲ 椅面支撑 | 38mm×4mm×5mm | ×2个

◄ 椅腿（内侧）| 70mm×4mm×5mm | ×2个

▲ 椅腿（外侧）| 126mm×4mm×5mm | ×2个

30

餐桌

制作方法: 参考第 142 页

▲ 桌面 | 巴沙木 | 200mm×120mm×5mm | ×1个

▲ 桌边 (左、右) | 120mm×5mm×1mm | ×2个

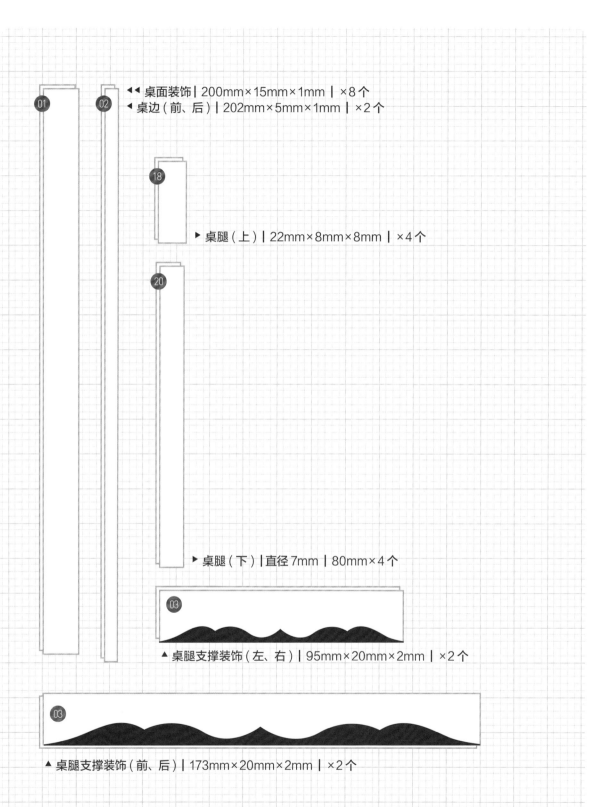

◀◀ 桌面装饰▕ 200mm×15mm×1mm ▏×8个

◀ 桌边（前、后）▕ 202mm×5mm×1mm ▏×2个

▶ 桌腿（上）▕ 22mm×8mm×8mm ▏×4个

▶ 桌腿（下）▕ 直径7mm ▏80mm×4个

▲ 桌腿支撑装饰（左、右）▕ 95mm×20mm×2mm ▏×2个

▲ 桌腿支撑装饰（前、后）▕ 173mm×20mm×2mm ▏×2个

31

岛台餐桌

制作方法：参考第148页

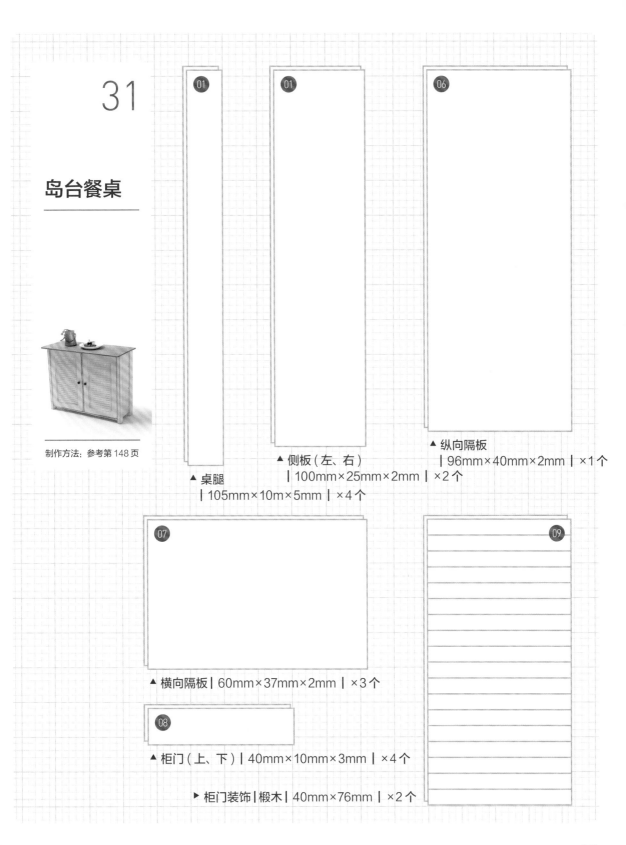

▲ 桌腿
| 105mm×10m×5mm | ×4个

▲ 侧板（左、右）
| 100mm×25mm×2mm | ×2个

▲ 纵向隔板
| 96mm×40mm×2mm | ×1个

▲ 横向隔板 | 60mm×37mm×2mm | ×3个

▲ 柜门（上、下） | 40mm×10mm×3mm | ×4个

▶ 柜门装饰 | 椴木 | 40mm×76mm | ×2个

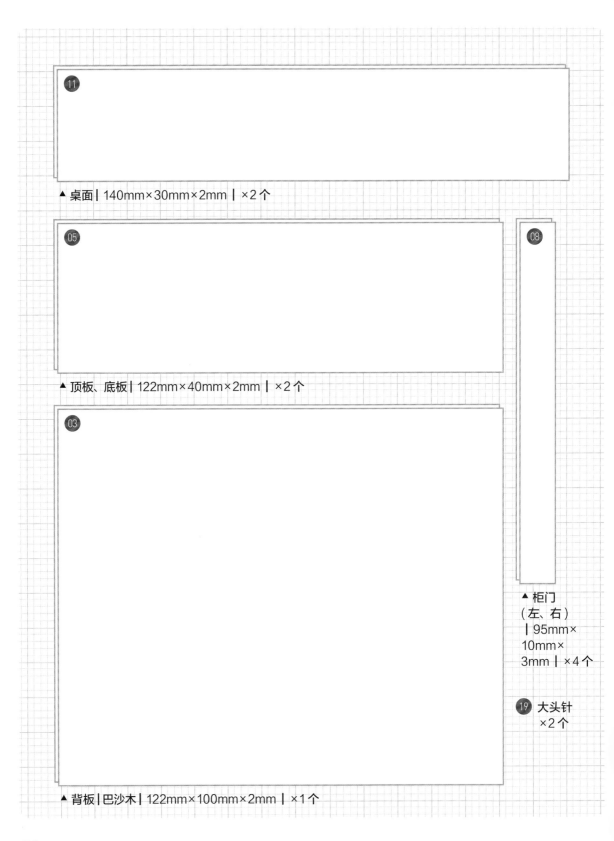

▲ 桌面┃140mm×30mm×2mm┃×2个

▲ 顶板、底板┃122mm×40mm×2mm┃×2个

▲ 柜门
（左、右）
┃95mm×
10mm×
3mm┃×4个

⑲ 大头针
×2个

▲ 背板┃巴沙木┃122mm×100mm×2mm┃×1个

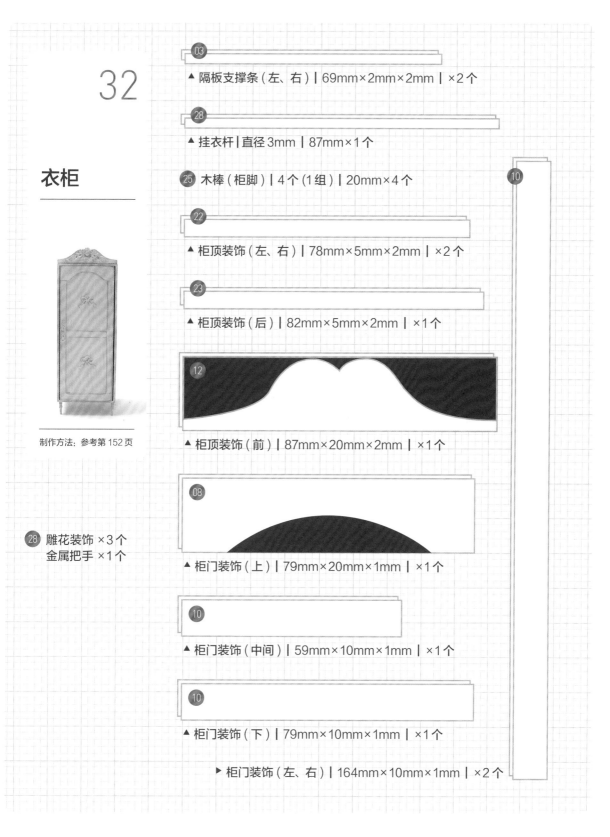

32

衣柜

制作方法：参考第 152 页

28 雕花装饰 ×3 个
金属把手 ×1 个

03
▲ 隔板支撑条（左、右）▏69mm×2mm×2mm ▏×2 个

28
▲ 挂衣杆▏直径 3mm ▏87mm×1 个

25 木棒（柜脚）▏4 个（1 组）▏20mm×4 个

22
▲ 柜顶装饰（左、右）▏78mm×5mm×2mm ▏×2 个

23
▲ 柜顶装饰（后）▏82mm×5mm×2mm ▏×1 个

12
▲ 柜顶装饰（前）▏87mm×20mm×2mm ▏×1 个

08
▲ 柜门装饰（上）▏79mm×20mm×1mm ▏×1 个

10
▲ 柜门装饰（中间）▏59mm×10mm×1mm ▏×1 个

10
▲ 柜门装饰（下）▏79mm×10mm×1mm ▏×1 个

10
▶ 柜门装饰（左、右）▏164mm×10mm×1mm ▏×2 个

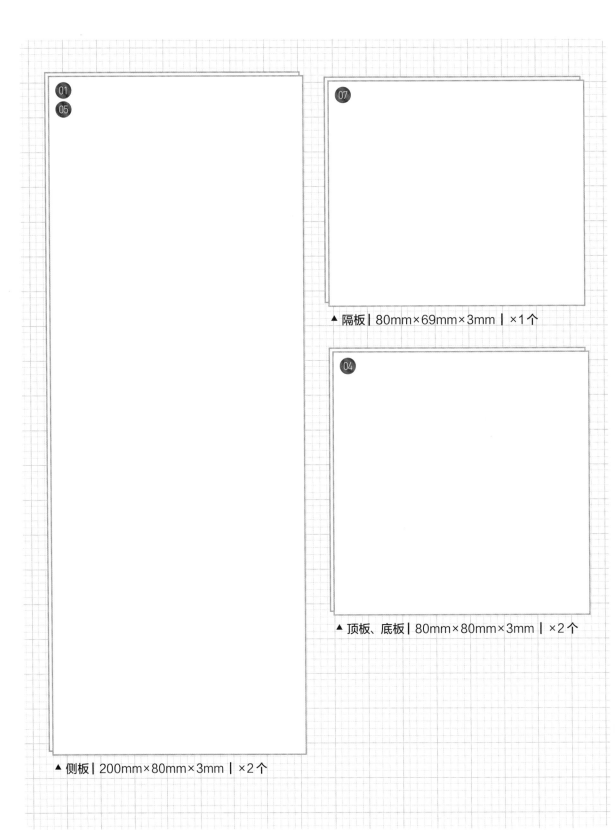

▲ 侧板┃200mm×80mm×3mm┃×2个

▲ 隔板┃80mm×69mm×3mm┃×1个

▲ 顶板、底板┃80mm×80mm×3mm┃×2个

06

10

▲ 背板▕巴沙木
　▕ 194mm×80mm×3mm ▕ ×1个

▲ 柜门▕ 194mm×80mm×3mm ▕ ×1个

33

碗柜

制作方法: 参考第 156 页

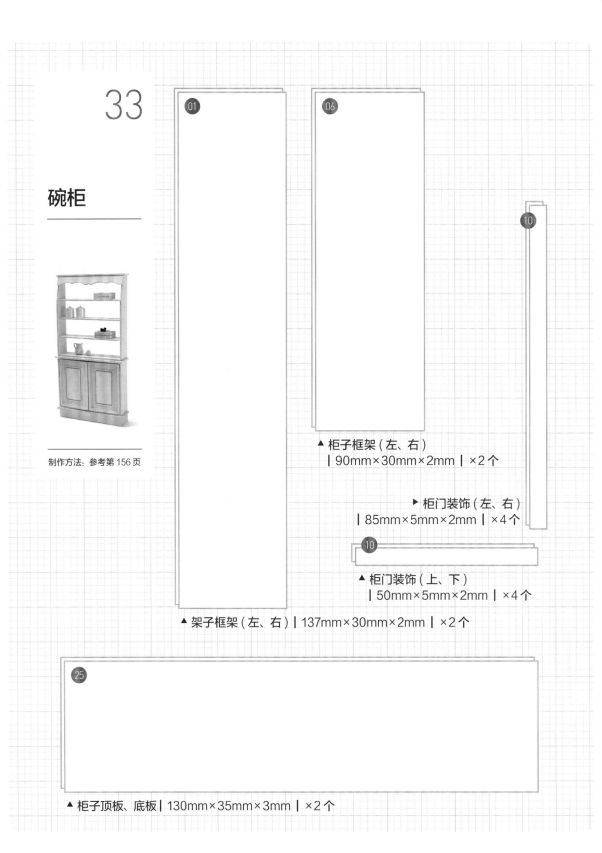

01

06

10

▶ 柜子框架 (左、右)
| 90mm×30mm×2mm | ×2 个

▶ 柜门装饰 (左、右)
| 85mm×5mm×2mm | ×4 个

10

▲ 柜门装饰 (上、下)
| 50mm×5mm×2mm | ×4 个

▲ 架子框架 (左、右) | 137mm×30mm×2mm | ×2 个

25

▲ 柜子顶板、底板 | 130mm×35mm×3mm | ×2 个

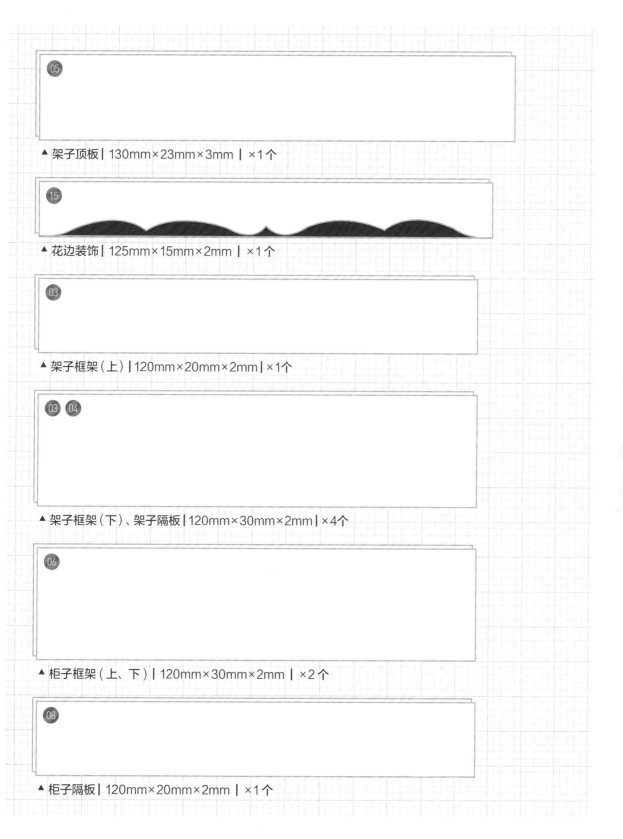

▲ 架子顶板 ┃ 130mm×23mm×3mm ┃ ×1个

▲ 花边装饰 ┃ 125mm×15mm×2mm ┃ ×1个

▲ 架子框架（上）┃ 120mm×20mm×2mm ┃×1个

▲ 架子框架（下）、架子隔板 ┃ 120mm×30mm×2mm ┃×4个

▲ 柜子框架（上、下）┃ 120mm×30mm×2mm ┃ ×2个

▲ 柜子隔板 ┃ 120mm×20mm×2mm ┃ ×1个

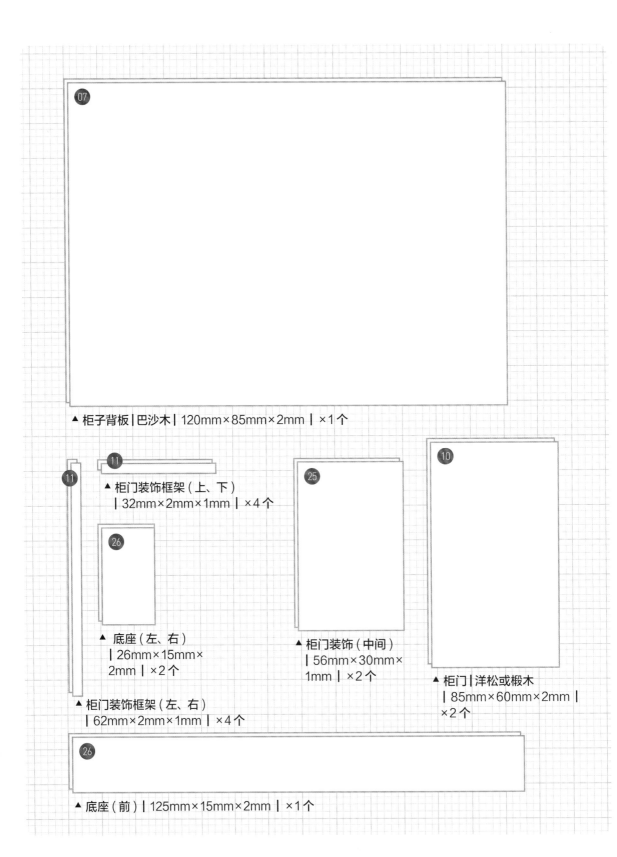

▲ 柜子背板｜巴沙木｜120mm×85mm×2mm｜×1个

▲ 柜门装饰框架（上、下）
｜32mm×2mm×1mm｜×4个

▲ 底座（左、右）
｜26mm×15mm×
2mm｜×2个

▲ 柜门装饰（中间）
｜56mm×30mm×
1mm｜×2个

▲ 柜门｜洋松或椴木
｜85mm×60mm×2mm｜
×2个

▲ 柜门装饰框架（左、右）
｜62mm×2mm×1mm｜×4个

▲ 底座（前）｜125mm×15mm×2mm｜×1个

34

洗涤柜

制作方法：参考第 160 页

01
02
04
05

▲ 柜体侧板（左、右、中间）
| 105mm×50mm×2mm | ×4个

02
05

▲ 柜体背板（左、右）｜巴沙木
| 103mm×50mm×2mm | ×2个

01
05

▲ 柜体底板（左、右）
| 50mm×50mm×2mm | ×2个

03

▲ 柜体底板（中间）
| 60mm×50mm×2mm | ×1个

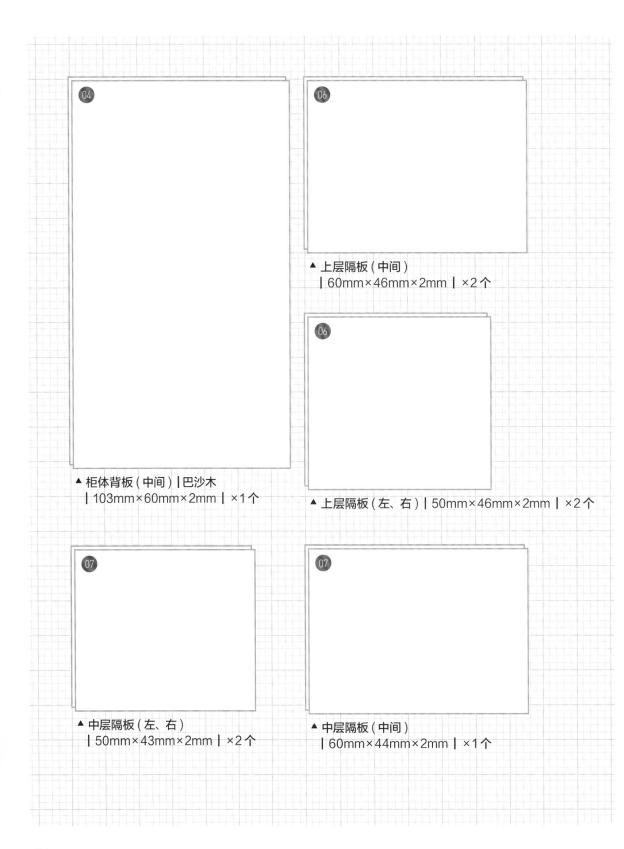

▲ 柜体背板（中间）┃巴沙木
┃103mm×60mm×2mm ┃ ×1个

▲ 上层隔板（中间）
┃60mm×46mm×2mm ┃ ×2个

▲ 上层隔板（左、右）┃50mm×46mm×2mm ┃ ×2个

▲ 中层隔板（左、右）
┃50mm×43mm×2mm ┃ ×2个

▲ 中层隔板（中间）
┃60mm×44mm×2mm ┃ ×1个

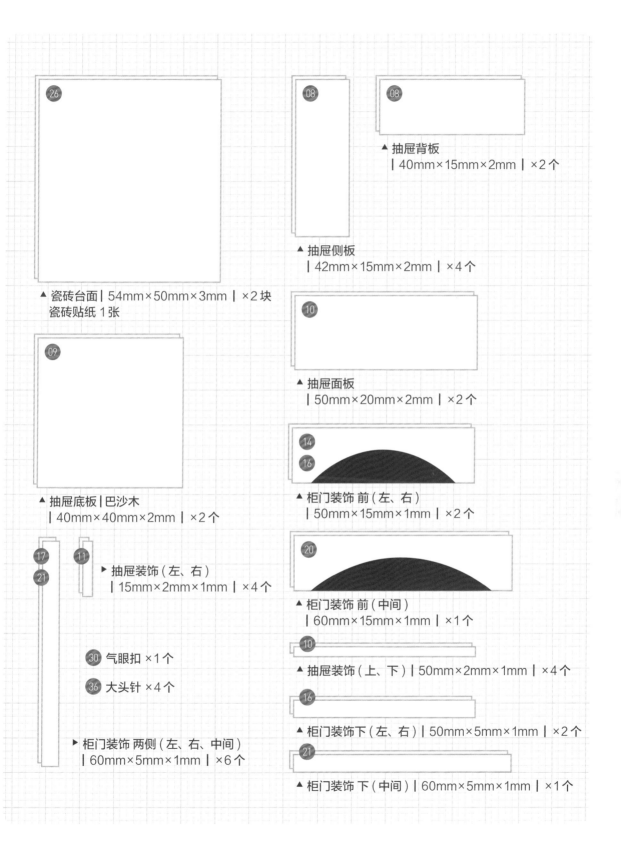

▲ 瓷砖台面 | 54mm×50mm×3mm | ×2块
瓷砖贴纸 1张

▲ 抽屉背板
| 40mm×15mm×2mm | ×2个

▲ 抽屉侧板
| 42mm×15mm×2mm | ×4个

▲ 抽屉底板 | 巴沙木
| 40mm×40mm×2mm | ×2个

▲ 抽屉面板
| 50mm×20mm×2mm | ×2个

▲ 柜门装饰 前（左、右）
| 50mm×15mm×1mm | ×2个

▲ 柜门装饰 前（中间）
| 60mm×15mm×1mm | ×1个

▶ 抽屉装饰（左、右）
| 15mm×2mm×1mm | ×4个

▲ 抽屉装饰（上、下）| 50mm×2mm×1mm | ×4个

30 气眼扣 ×1个

36 大头针 ×4个

▲ 柜门装饰下（左、右）| 50mm×5mm×1mm | ×2个

▶ 柜门装饰 两侧（左、右、中间）
| 60mm×5mm×1mm | ×6个

▲ 柜门装饰下（中间）| 60mm×5mm×1mm | ×1个

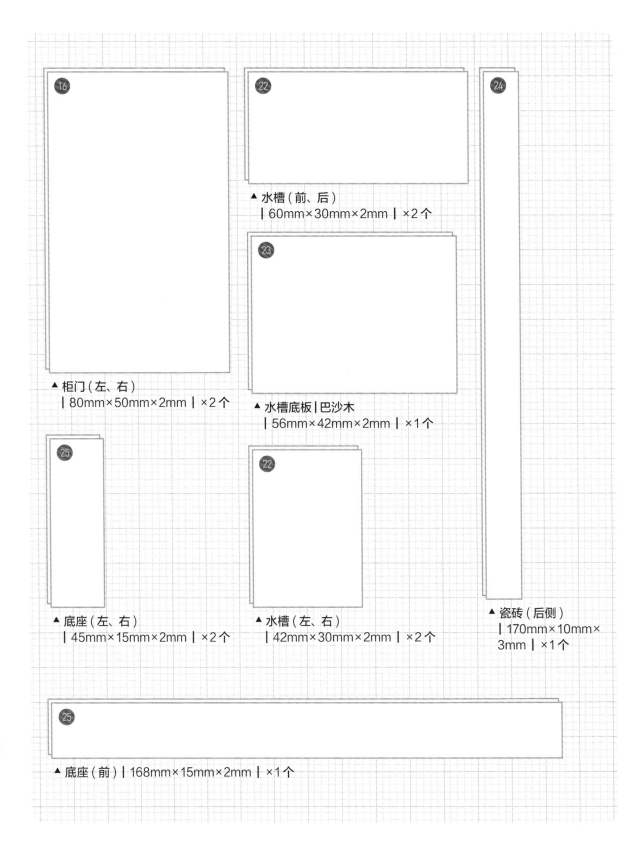

▲ 柜门（左、右）
| 80mm×50mm×2mm | ×2个

▲ 水槽（前、后）
| 60mm×30mm×2mm | ×2个

▲ 水槽底板 | 巴沙木
| 56mm×42mm×2mm | ×1个

▲ 底座（左、右）
| 45mm×15mm×2mm | ×2个

▲ 水槽（左、右）
| 42mm×30mm×2mm | ×2个

▲ 瓷砖（后侧）
| 170mm×10mm×3mm | ×1个

▲ 底座（前）| 168mm×15mm×2mm | ×1个

35

装饰柜

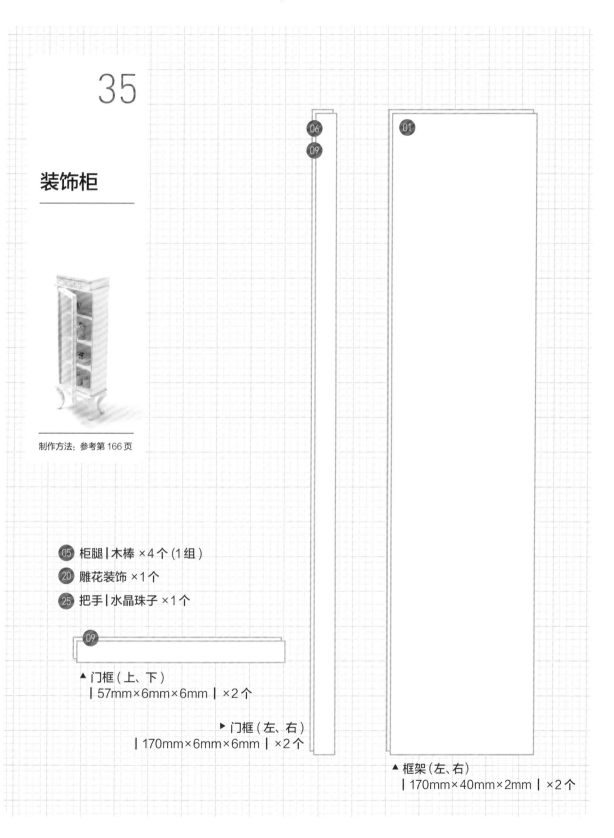

制作方法：参考第 166 页

⑤ 柜腿 | 木棒 ×4 个（1 组）

⑳ 雕花装饰 ×1 个

㉕ 把手 | 水晶珠子 ×1 个

⑨

▲ 门框（上、下）
| 57mm×6mm×6mm | ×2 个

▶ 门框（左、右）
| 170mm×6mm×6mm | ×2 个

⑥
⑨

①

▲ 框架（左、右）
| 170mm×40mm×2mm | ×2 个

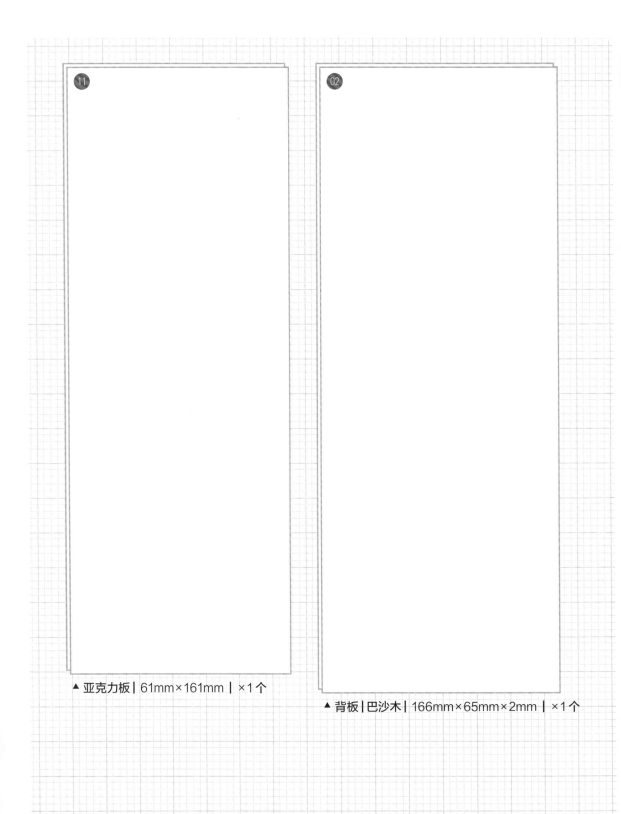

▲ 亚克力板｜61mm×161mm｜×1个

▲ 背板｜巴沙木｜166mm×65mm×2mm｜×1个

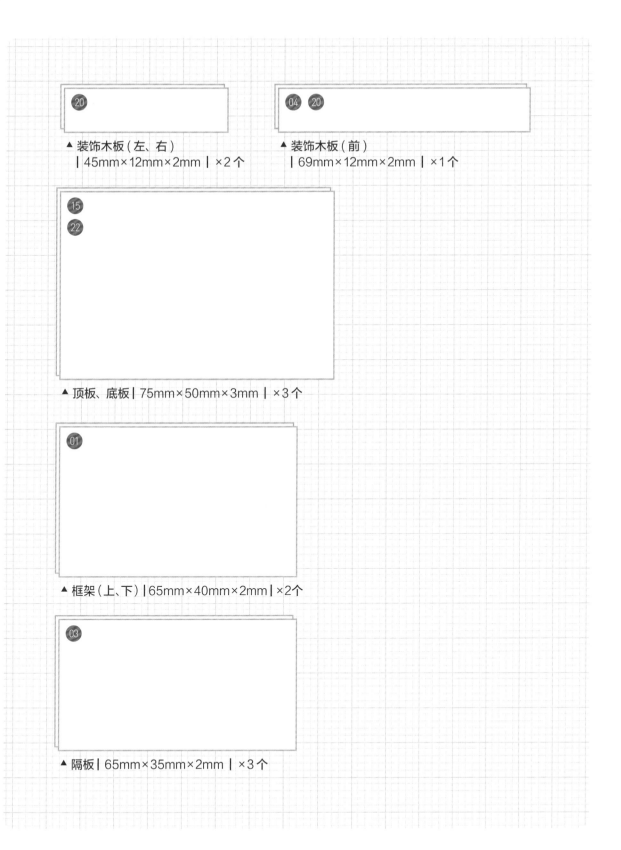

▲ 装饰木板（左、右）
| 45mm×12mm×2mm | ×2个

▲ 装饰木板（前）
| 69mm×12mm×2mm | ×1个

▲ 顶板、底板 | 75mm×50mm×3mm | ×3个

▲ 框架（上、下）| 65mm×40mm×2mm | ×2个

▲ 隔板 | 65mm×35mm×2mm | ×3个

椅子

格纹毯子

木板墙

打造瓷砖的
真实感

乡村花园

温步椅

做旧感

纽约街头系列：概念草图

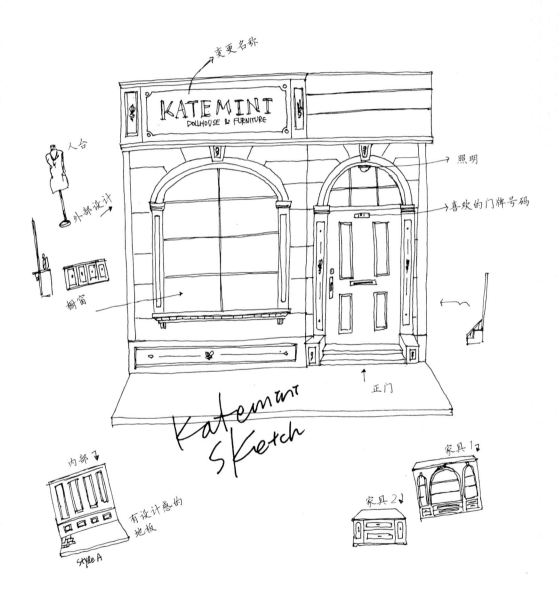

变更名称

KATEMINT
DOLLHOUSE & FURNITURE

人台

外部设计

照明

喜欢的门牌号码

橱窗

正门

Katemint
Sketch

内部

有设计感的
地板

Style A

家具1

家具2

感谢的朋友们

家具摄影，娃娃屋摄影
徐迁宇（Seo chan woo）

和充满少女心的妻子生活在一起的摄影师。

娃娃海报拍摄及修图
李书允 (mellow)

喜欢漂亮事物的老小孩。

小狗与猫咪玩偶
DANTO

动物玩偶制作者。

娃娃服装
Soodolls

制作1/6娃娃的衣服和迷你娃娃Soobear。

Ebool's Something 娃娃服装

制作1/6尺寸的娃娃服装，目标为做出简单又独特的设计感服装。